云南九大高原湖泊的硅藻

李艳玲 罗潋葱 罗 粉 著

科学出版社
北 京

内 容 简 介

云南九大高原湖泊（滇池、洱海、抚仙湖、程海、泸沽湖、杞麓湖、异龙湖、星云湖和阳宗海）是中国断裂构造型湖泊的典型代表。本书收录了云南九大湖泊硅藻植物，采用国际硅藻最新分类系统，详尽描述了硅藻73属385种及变种。书中包括每个种的拉丁名、鉴定文献、形态学特征及分布等信息，并附有光学显微镜照片和部分扫描电镜照片，便于读者查询。

本书将为我国淡水硅藻分类学、水域生态学、环境科学、微体古生物学、古生态学等方面的研究提供有益的资料，可供藻类学、生态学、环境科学、自然地理学等相关领域的研究生、教师和科研工作者阅读参考。

图书在版编目（CIP）数据

云南九大高原湖泊的硅藻／李艳玲，罗潋葱，罗粉著. —北京：科学出版社，2023.10
ISBN 978-7-03-076574-1

Ⅰ. ①云⋯ Ⅱ. ①李⋯ ②罗⋯ ③罗⋯ Ⅲ. ①高原湖泊-硅藻门-概况-云南 Ⅳ. ①Q949.27

中国国家版本馆 CIP 数据核字（2023）第 191625 号

责任编辑：刘　超／责任校对：樊雅琼
责任印制：赵　博／封面设计：无极书装

科 学 出 版 社 出版
北京东黄城根北街 16 号
邮政编码：100717
http://www.sciencep.com

三河市春园印刷有限公司印刷
科学出版社发行　各地新华书店经销
*
2023 年 10 月第 一 版　开本：787×1092　1/16
2024 年 1 月第二次印刷　印张：16 1/2
字数：373 000
定价：170.00 元
（如有印装质量问题，我社负责调换）

序

云南地处长江等六大江河的上游或发源地，分布在各流域的湖泊湿地，是我国以及东南亚各国的重要"水塔"，是我国西南生态安全重要屏障。作为我国唯一不冰冻的湖区，云南九大高原湖泊（滇池、洱海、抚仙湖、程海、泸沽湖、杞麓湖、异龙湖、星云湖和阳宗海）不仅赐予了我们美丽的湖光山色和丰富的自然、民族文化遗产，也是云南省人口最密集、活动最频繁、经济最集中的地区。然而，受多种因素影响，九大高原湖泊一度面临诸多保护难题。云南九大高原湖泊是中国断裂构造型湖泊的典型代表，独特的地理位置与气候，孕育了独特的自然生境，该区域生物多样性丰富度极高，被誉为植物王国。

硅藻作为淡水生境中重要的生物类群，种类繁多、分布广泛。我国淡水硅藻研究在近年来也发展迅速，新属、种不断发表，区系研究工作也多有出版。有关云南硅藻种类的描述可能要追溯到 20 世纪，1914~1918 年奥地利人 Handel-Mazzetti 在云南、四川、横断山区采集的标本，之后 1937 年由拉脱维亚人 H. Skuja 做了藻类研究，并出版了 Algae, in H. Handel-Mazzetti Symbolae Sinicae I，书中记载了硅藻 281 个分类单位。1963 年，黎尚豪等发表的《云南高原湖泊调查》中记录了 1957 年采集抚仙湖、阳宗海、滇池、星云湖、异龙湖、杞麓湖、洱海的藻类，后期陆陆续续也有一些新种的发表。

《云南九大高原湖泊的硅藻》一书是由云南大学生态与环境学院高原湖泊生态与治理研究院李艳玲研究员、罗溦葱副研究员和玉溪师范学院化学生物与环境学院罗粉博士三位学者对 20 世纪 50 年代、80 年代和近几年在该区域采集的样品进行细致鉴定的基础上完成的，是对云南九大高原湖泊水生生物研究的重要补充。三位研究者一直从事硅藻的分类及区系研究，对硅藻的分类和鉴定经验丰富。他们精诚合作，完成该书的撰写。书中共报道硅藻 73 属 385 种及变种，并对每个种类进行了形态特征的简单描述，提供了鉴定的主要参考文献，同时附有清晰的光学显微镜照片和部分电镜照片，为在西南地区从事硅藻相关研究工作的研究者提供重要的参考资料。在该书即将出版之际，向三位学者表示祝贺！

2023 年 9 月

前　言

  云南九大高原湖泊指滇池、洱海、抚仙湖、程海、泸沽湖、杞麓湖、异龙湖、星云湖和阳宗海，是中国断裂构造型湖泊的典型代表。云南九大高原湖泊湖面总面积为1040.4 km^2、占全省土地面积的0.26%，流域总面积为8110 km^2、占全省土地面积的2.05%，承载着700多万的流域人口，是重要的生态系统、生命系统。滇池是中国西南地区最大的湖泊。湖泊面积为306.3 km^2，流域面积约为2920 km^2，平均水深为4.4 m，最深处为10 m，蓄水量为12.9亿 m^3。洱海是云南省第二大高原湖泊，湖泊面积为251 km^2，流域面积为2565 km^2，平均水深为20.5m，蓄水量为28.8亿 m^3，多年平均水资源量为8.25亿 m^3。抚仙湖是我国第二深水湖泊，是我省蓄水量最大的湖泊，湖泊面积为216.6 km^2，流域面积为674.69 km^2，最大水深为157.3 m，平均水深为87.0 m，蓄水量为189.3亿 m^3；程海是一个内陆封闭型高原深水湖泊，湖水面积为75.97 km^2，湖面海拔为1503 m，平均水深为25.9 m，最深达36.7m，蓄水量为19.87亿 m^3。泸沽湖位于云南省西北部和四川省西南部的两省交界处，是我国第三大深水湖泊。泸沽湖面面积为50.1 km^2，其中云南境内30.3 km^2。泸沽湖流域面积为247.6 km^2，云南部分为107 km^2，最大水深为93.5 m，平均水深为40.3 m，蓄水量为22.52亿 m^3。杞麓湖是一个封闭型高原湖泊，湖泊面积为36.73km^2，流域面积为354.2km^2，最大水深为6.8 m，平均水深为4 m，蓄水量为1.7亿 m^3。星云湖是抚仙湖的上游湖泊，通过2.2km的隔河与抚仙湖相连。星云湖湖泊面积为34.7 km^2，流域面积为386 km^2，平均水深为5.91 m，最大水深为9.5 m，蓄水量为1.84亿 m^3。阳宗海面积为30 km^2，平均水深为22 m，最深达30 m。异龙湖面积为39 km^2，流域面积为360.4 km^2，平均水深为2.75 m，最大水深为6.55 m，蓄水量为1.13亿 m^3。九大湖泊不同的地理位置及生态环境，使其成为藻类生物多样性较为丰富的区域，而硅藻是其中最有研究价值的藻类之一，是水生藻类中种类较多的一个类群。因此，无论分类学还是生态学，对九大湖泊的硅藻进行研究都有极其重要的意义。

  本书共报道硅藻73属385种及变种。我们将观察到的硅藻种类进行鉴定，拍摄照片（部分种类提供了扫描电镜照片），并对每个种类进行了形态特征的简单描述，同时提供了鉴定的主要参考文献及该种类的在九大湖的分布信息。希望本书可以为在西南地区从事硅藻相关研究工作的研究者提供参考资料。

  本书得到了云南省社会发展专项（202103AC100001）、国家自然科学基金面上项目（42172206）、云南省基础研究专项重点项目（202301AS070056）和云南省科技厅科技计划项目（202305AM070001）的资助，同时在分类鉴定方面也得到了外国友人 D. Metzeltin 和 J. P. Kociolek 教授的帮助。感谢昆明市滇池高原湖泊研究院罗纯良高级工程师参与了九大湖泊硅藻研究历史的整理工作。感谢所有参加样品采集的人员。感谢我的科研助理罗育兰女士提供拍摄的电镜照片。本书是云南大学生态与环境学院高原湖泊生态治理研究院李艳玲研究员课题组、罗潋葱副研究员和玉溪师范学院化学生物与环境学院罗粉博士共同完成的。云南大学生态与环境学院（高原湖泊生态与治理研究院）的学生（郭继书、肖乔芝、倪洪萍、李钰洁、唐正斌、黄继敏、解诗仪）参与了本书的文字、照片的剪裁及文献查找整理等工作，在此表示深深地感谢。感谢我的女儿龚可馨帮忙拍摄部分照片。最后感谢我的父亲李宝玉先生，他在弥留之际还关注我出书的进展。谨以此书献给远在天堂的他。

  本书仅是作者对来自于云南九大湖泊 20 世纪 50 年代末、80 年代末和近年的硅藻样品进行的分类方面的总结，尚有许多不足之处，加之作者本身水平有限，书中不当之处在所难免，特别有些数量少或者个体小的种类拍摄的照片也不尽如人意，敬请读者批评指正，不胜感激！

李艳玲

2022 年 12 月

目 录

第一部分　九大湖泊硅藻研究的历史与样品的采集与制片 ·· 1
第二部分　九大湖泊的硅藻 ·· 6
　中心纲（Centricae）·· 6
　　圆筛藻目（Coscinodiscales）··· 6
　　　冠盘藻科（Stephanodiscaceae）··· 6
　　　　小环藻属 *Cyclotella*（Kützing）Brébisson 1838 ··· 6
　　　　碟星藻属 *Discostella* Houk & Klee 2004 ··· 7
　　　　环冠藻属 *Cyclostephanos* Round 1982 ·· 7
　　　　琳达藻属 *Lindavia*（Schütt）De Toni & Forti 1900 ·· 8
　　　　冠盘藻属 *Stephanodiscus* Ehrenberg 1845 ··· 8
　　　　海链藻属 *Thalassiosira*（Kutzing）Williams & Round 1986 ························· 9
　　　　爱德华藻属 *Edtheriotia* Kociolek, You, Stepanek, Lowe & Wang 2016 ········· 9
　　　　沟链藻属 *Aulacoseira* Thwaites 1848 ··· 9
　　　　直链藻属 *Melosira* Agardh 1824 ··· 10
　羽纹纲（Pennatae）·· 11
　　无壳缝目（Araphidinales）·· 11
　　　脆杆藻科（Fragilariaceae）·· 11
　　　　星杆藻属 *Asterionella* Hassall 1850 ··· 11
　　　　等片藻属 *Diatoma* Bory 1824 ··· 11
　　　　脆杆藻属 *Fragilaria* Lyngbye 1819 ··· 11
　　　　脆形藻属 *Fragilariforma* Williams & Round 1988 ··· 14
　　　　假十字脆杆藻属 *Pseudostaurosira* Williams & Round 1988 ··························· 14
　　　　十字脆杆藻属 *Staurosira* Ehrenberg 1843 ··· 15
　　　　窄十字脆杆藻属 *Staurosirella* Williams & Round 1987 ··································· 16
　　　　网孔藻属 *Punctastriata* Williams & Round 1988 ··· 16
　　　　平格藻属 *Tabularia*（Kützing）Williams & Round 1986 ······························· 17
　　　　肘形藻属 *Ulnaria*（Kützing）Compère 2001 ··· 17
　　短壳缝目（Raphidionales）··· 18
　　　短缝藻科（Eunotiaceae）·· 18
　　　　短缝藻属 *Eunotia* Ehrenberg 1837 ··· 18
　　单壳缝目（Monoraphidinales）·· 20

曲壳藻科（Achnanthaceae） ··· 20
   曲丝藻属 *Achnanthidium* Kützing 1844 ··· 20
   卡氏藻属 *Karayevia* Round & Bukhtiyarova 1998 ·· 21
   附萍藻属 *Lemnicola* Round & Basson 1997 ··· 22
   平面藻属 *Planothidium* Round & Bukhtiyarova 1996 ·· 22
   片状藻属 *Platessa* Lange-Bertalot 2004 ··· 23
   罗氏藻属 *Rossithidium* Round & Bukhtiyarova 1996 ·· 24
卵形藻科（Cocconeidaceae） ·· 24
   卵形藻属 *Cocconeis* Ehrenberg 1837 ··· 24
双壳缝目（Biraphinales） ·· 26
  桥弯藻科（Cymbellaceae） ·· 26
   双眉藻属 *Amphora* Ehrenberg ex Kützing 1844 ·· 26
   海双眉藻属 *Halamphora* (Cleve) Levkov 2009 ··· 27
   桥弯藻属 *Cymbella* Agardh 1830 ··· 27
   弯肋藻属 *Cymbopleura* (Krammer) Krammer 1999 ·· 32
   假桥弯藻属 *Cymbellafalsa* Lange-Bertalot & Metzeltin 2009 ·································· 34
   优美藻属 *Delicata* Krammer 2003 ·· 34
   内丝藻属 *Encyonema* Kützing 1833 ·· 35
   拟内丝藻属 *Encyonopsis* Krammer 1997 ·· 36
  异极藻科（Gomphonemaceae） ··· 38
   异极藻属 *Gomphonema* Ehrenberg 1832 ··· 38
   中华异极藻属 *Gomphosinica* Kociolek, You, Wang & Liu 2015 ···························· 46
   弯楔藻属 *Rhoicosphenia* Grunow 1860 ·· 46
  舟形藻科（Naviculaceae） ··· 46
   双肋藻属 *Amphipleura* Kützing 1844 ··· 46
   暗额藻属 *Aneumastus* Mann & Stickle 1990 ··· 47
   异菱藻属 *Anomoeoneis* Pfitzer 1871 ··· 47
   短纹藻属 *Brachysira* Kützing 1836 ··· 48
   美壁藻属 *Caloneis* Cleve 1894 ·· 48
   洞穴形藻属 *Cavinula* Mann & Stickle 1990 ··· 50
   格形藻属 *Craticula* Grunow 1867 ·· 51
   全链藻属 *Diadesmis* Kützing 1844 ··· 52
   双壁藻属 *Diploneis* (Ehrenberg) Cleve 1894 ··· 52
   杜氏藻属 *Dorofeyukea* Kulikovskiy, Maltsev, Andreeva, Ludwig & Kociolek 2019 ········ 53
   曲解藻属 *Fallacia* Stickle & Mann 1990 ·· 54
   盖斯勒藻属 *Geissleria* Lange-Bertalot & Metzeltin 1996 ······································· 55
   布纹藻属 *Gyrosigma* Hassall 1845 ·· 56
   蹄形藻属 *Hippodonta* Lange-Bertalot, Metzeltin & Witkowski 1996 ····················· 56

  泥栖藻属 *Luticola* Mann 1990 ·· 58

  胸隔藻属 *Mastogloia* Thwaites in Smith 1856 ······························ 58

  舟形藻属 *Navicula* Bory de St.-Vincent 1822 ······························ 59

  长篦形藻属 *Neidiomorpha* Lange-Bertalot & Cantonati 2010 ············ 64

  长篦藻属 *Neidium* Pfitzer 1871 ·· 64

  Oestrupia Heiden ex Hustedt 1935 ··· 66

  羽纹藻属 *Pinnularia* Ehrenberg 1843 ··· 66

  盘状藻属 *Placoneis* Mereschkowsky 1903 ··································· 69

  类辐节藻属 *Prestauroneis* Bruder & Medlin 2008 ························· 70

  鞍型藻属 *Sellaphora* Mereschkowsky 1902 ·································· 71

  辐节藻属 *Stauroneis* Ehrenberg 1843 ··· 74

管壳缝目 (Auloraphidinales) ·· 74

 窗纹藻科 (Epithemiaceae) ·· 74

  窗纹藻属 *Epithemia* Kützing 1844 ··· 74

  棒杆藻属 *Rhopalodia* Müller 1895 ··· 76

 菱形藻科 (Nitzschiaceae) ·· 77

  细齿藻属 *Denticula* Kützing 1844 ··· 77

  菱板藻属 *Hantzschia* Grunow 1877 ·· 77

  菱形藻属 *Nitzschia* Hassall 1845 ·· 78

  长羽藻属 *Stenopterobia* Brébisson ex Van Heurck 1896 ················· 82

  盘杆藻属 *Tryblionella* Smith 1853 ··· 83

双菱藻目 (Surirellales) ··· 84

 双菱藻科 (Surirellaceae) ·· 84

  波缘藻属 *Cymatopleura* Smith 1851 ··· 84

  双菱藻属 *Surirella* Turpin 1828 ·· 84

参考文献 ·· 86

图版说明 ·· 100

图版 ··· 123

第一部分　九大湖泊硅藻研究的历史与样品的采集与制片

我国的湖泊按照地貌和气候特征差异可以分为五大湖群，即青藏高原湖群、蒙新高原湖群、云贵高原湖群、东北平原湖群和长江中下游平原湖群。其中，云贵高原湖群多集中分布于云南省，云南省位于青藏高原东南缘，地处中国西南，分布了数量众多、形态大小不一的断陷湖盆，其中，水面面积均大于 30 km² 的湖泊有：滇池、洱海、抚仙湖、程海、泸沽湖、杞麓湖、星云湖、异龙湖和阳宗海，即云南的九大高原湖泊（董云仙，2014）。这些湖泊在维持高原区域社会经济的可持续发展方面具有重要作用，如提供淡水、养殖、防洪、发电、航运、水产养殖和旅游等功能，因此，水生生态系统的保护和管理是极其重要的（Dong，2010）。

一、九大湖泊硅藻研究的历史

目前，硅藻因为自身的优点已成为环境监测、生态评价以及古环境重建等领域的重要研究对象（Bennion & Battarbee，2007；Kociolek，2007；Caraballo，2008）。关于云南九大高原湖泊硅藻的研究，主要集中在以下三个方面。

（一）九大湖泊关于硅藻种类的记载

有关云南硅藻种类的描述可能要追溯到 20 世纪，1914～1918 年一奥地利人 Handel-Mazzetti 在云南、四川、横断山区采集的标本，之后 1937 年由拉脱维亚人 Skuja H. 做了藻类研究，并出版了 *Algae, in H. Handel-Mazzetti Symbolae Sinicae I*，书中记载了硅藻 281 个分类单位。黎尚豪等（1963）发表的《云南高原湖泊调查》记录了 1957 年采集抚仙湖、阳宗海、滇池、星云湖、异龙湖、杞麓湖、洱海的藻类，文中只记录硅藻的优势种。1994 年出版的《西南地区藻类资源考察专集》记载了抚仙湖、滇池及洱海的藻类，其中包括这三个湖泊 1957 年种类，共记载硅藻 182 种（变种）。Li 等（2007）对 1957 年的样品进行再次鉴定发现中国云南高原 8 个湖泊硅藻包括 56 属 296 个分类群，其中在抚仙湖和阳宗海湖，*Cyclotella rohomboideo-elliptica* 和 *Cyclotella rohomboideo-elliptica* var. *rounda* 占优势；在星云湖，*Cyclotella rohomboideo-elliptica* 和 *Gomphonema minutum* 占优势；在异龙湖，*Cymbella subleptoceros* 和 *Gomphonema intricatum* 占优势；在滇池，*Gomphonema intricatum*、*Navicula crytocephala* 和 *Cymbella simonsenii* 占优势；在洱海，*Gomphonema coronatum*，

Gomphonema turris, *Lemicola hungarica* 和 *Fragilaria unla* 占优势；在杞麓湖，*Cymbella simonsenii*，*Cymbella neocistula* 和 *Navicula cocquytae* 占优势。赵婷婷（2017）和程雨（2019）对云南省包括泸沽湖在内的部分地区进行硅藻标本的采集，分别观察到桥弯藻科共7属41种，双壳缝类16科32属157个分类单位。同时，也有很多研究集中于某个湖的硅藻多样性。例如，1982~1983年，钱澄宇等人对滇池进行了定点采集，鉴定出硅藻门植物19个属，48个种（钱澄宇等，1985）。1984~1985年，王若南和钱澄宇对云南省境内的程海进行调查研究，共鉴定出硅藻门80种（王若南和钱澄宇，1988）。2005年，Li等（2011a）对抚仙湖14个表层沉积物的分析表明，在湖的北部有38个分类群，在湖的南部有63个分类群。在2009年10月~2010年9月，董云仙对程海藻类植物进行了逐月采样调查，发现硅藻门2纲5目9科26属62种（董云仙等，2012）。2011年，李杰等采集异龙湖淡水藻类样品，共发现4门36种，其中包括硅藻门7种（李杰等，2014）。

在九大湖泊中，还发现了很多新种。目前报道的新种主要包括 *Aulacoseira* 的1个种，即 *Aulacoseira dianchiensis* Yang, Stoermer & Kociolek（滇池）（Yang et al., 1994）；*Cymbella* 的1个种，即 *Cymbella fuxianensis* Li and Gong（抚仙湖）（Gong et al., 2011），*Cymbella xingyunnensis* Li et Gong 种（星云湖）（Hu et al., 2013）；*Gomphosinica* 的1个种，即 *Gomphosinica lugunsis* Liu, Kociolek, You & Fan（泸沽湖）（Cheng et al., 2018）；*Navicula* 的7个种，即 *Navicula gongii* Metzeltin & Y. Li（抚仙湖）（Gong et al., 2015），*Navicula craticuloides* Li & Metzeltin（抚仙湖和洱海）（Gong et al., 2015），*Navicula yunnanensis* Li & Metzeltin（抚仙湖和泸沽湖）（Gong et al., 2015），*Navicula australasiatica* Li & Metzeltin（抚仙湖）（Li et al., 2020），*Navicula perangustissima* Li & Metzeltin（抚仙湖）（Li et al., 2020），*Navicula turriformis* Li & Metzeltin（抚仙湖）（Li et al., 2020），*Navicula fuxianturriformis* Y.-L. Li, J.-S. Guo & Kociolek（抚仙湖）（Zhang et al., 2022）；*Sellaphora* 的3个种，即 *Sellaphora fuxianensis* Li（抚仙湖）（Li et al., 2010a），*Sellaphora yunnanensis* Li & Metzeltin（抚仙湖）（Li et al., 2010b），*Sellaphora sinensis* Li & Metzeltin（抚仙湖）（Li et al., 2010b）。

（二）九大湖泊硅藻在环境方面的研究

在2007年和2008年，裴国凤等人采集研究了滇池6个样点不同季节的底栖硅藻样品，通过分析其群落结构的物种组成、细胞密度和多样性指数等，表明入湖河流的污染负荷对受纳湖湾底栖硅藻的密度和时空变化有较大影响（裴国凤等，2010）。胡竹君等（2012）于2004~2005年对洱海水体的硅藻群落进行逐月监测及研究，共发现71个种，分属于18个属。硅藻群落结构的季节变化显著，冬季的主要优势种为 *Fragilaria crotonensis*，春季 *Aalacoseira ambigua* 与 *F. crotonensis* 的组合占优势地位，夏季以 *Cyclotella ocellata* 为主，秋季则 *A. ambigua* 与 *Cyclostephanos dubius* 组合为优势种。Chen等（2015）对抚仙湖和滇池硅藻的研究发现，初级生产力是驱动两个湖泊硅藻群落变化的主要环境梯度。Wang等（2015）在研究2011年泸沽湖硅藻的演替时，发现硅藻组合的季节性模式与光照、养分有效性和热状况有关。李蕊（2018）于2015年对抚仙湖的16个采样点开展了表层水体硅藻和水环境指标的逐月调查与综合分析,共发现抚仙湖硅藻31属、167种,且以浮游类型为主,影响群落结构时空变化的主要驱动因子是气象与物理因子(包括水温、风速、降雨量和透明度等)。Wang 等(2018)在研究2012年12月至2014年7月泸沽湖硅藻群落的湖内时空动态时,发现水体混合和营养的增加则引发了春季的硅藻爆发。Hu 等(2019)对异龙湖硅藻的研究发现,养分和水文波动对硅藻的丰度和组成方面具有调节作用。

(三)硅藻的古生态与古环境研究

Wang 等(2005)、陶建霜等(2016)和 Wu 等(2021)利用阳宗海硅藻群落组合,反演了近百年来阳宗海水体的富营养化、燃煤大气污染、水体污染、水文调控和人类活动的历史。Gong 等(2009)和陈小林(2015)利用滇池硅藻群落组合,反演了近百年来滇池水体的富营养化、鱼类引入、水生植被和生产力变化。Li 等(2011b)和陈小林(2015)利用抚仙湖硅藻群落组合,反演了近百年来抚仙湖水体的富营养化、鱼类引入和生产力的影响。蔡燕凤等(2013)利用洱海硅藻群落组合,反演了近百年来洱海水体的富营养化和生物多样性变化的时空模式。Ji 等(2013)、刘园园等(2016)和 Liu 等(2017)利用星云湖硅藻群落组合,反演了近百年来星云湖水体的富营养化、气候变化、水文变化、水生植被、水利建设与水文改造、鱼类引入、人类活动以及抚仙湖—星云湖的连通性的影响。Chen 等(2014)和 Liu 等(2021)利用泸沽湖硅藻群落组合,反演了近百年来泸沽湖水体的气候变化、植被覆盖和土地利用。刘园园(2016)、刘园园等(2020)和 Liu 等(2021)利用程海硅藻群落组合,反演了近百年来程海水体的富营养化、气候变暖、植被覆盖、水生植被退化、水动力条件、土地利用以及水利建设与水文改造变化。钱福明等(2018)利用杞麓湖硅藻群落组合,反演了近百年来杞麓湖水体的富营养化和水文条件的历史。Hu 等(2019)利用异龙湖硅藻群落组合,反演了近百年来异龙湖水体的富营养化和水文条件波动的影响。

在过去千年,九大湖泊沉积物硅藻群落的研究主要集中在洱海和程海。例如,张振克等(2000)和 Zhang 等(2001)根据硅藻等环境指标分析结果,分析了洱海全新世大暖期(8.1~3.0 ka B.P.)的气候演化历史,并发现其主要受亚洲季风强弱转换和时空迁移的影响。Li 等(2015)利用硅藻分析跨越最后7.8 ka青藏高原东南边缘程海湖的沉积物岩芯发现,硅藻组合主要由 *Cyclotella rhomboideo-elliptica*,*Cyclostephanos dubius* 和小型脆杆藻类和附生藻类组成,这些硅藻分类群被解释为对营养状态和/或水柱湍流的变化敏感,这些变化可能与亚洲季风引起的降水和温度变化有关。在过去万年的时间跨度上,九大湖泊沉积物硅藻群落的研究主要集中在泸沽湖。例如,Wang 等(2014)在研究末次冰期期间泸沽湖的硅藻对气候强迫的响应时,发现泸沽湖沉积物硅藻组合的组成反映了直接和间接(即通过流域过程)的气候强迫,特别是西南季风的强度。Wang 等(2016)研究了泸沽湖11000年湖泊沉积物硅藻群落对气候变化的响应,表明区域变暖和西南季风是造成泸沽湖硅藻组成变化的主要驱动因素,其中,气候变化(包括温度和降水)可以通过热分层和流域养分出口的变化间接影响湖泊生态。

二、九大高原湖泊硅藻植物的采集

标本均采集于九大湖泊，采集时间分别是1957年、2000年和2021年，共采集标本40号。1957年标本保存在中国科学院水生生物研究所标本馆，2000年和2021年的标本保存于云南大学高原湖泊生态与治理研究院。

（一）硅藻样品的采集与处理

1957年的硅藻主要来自各个湖泊浮游和沿岸带植物的混合样品，2000年后的样品主要采自湖泊表层沉积物和岸边石头。

1957年的样品主要采用酸处理方法，步骤如下。

①用吸管吸取少量标本放入小玻璃试管中；
②加入与标本等量的浓硫酸；
③然后慢慢滴入与标本等量的浓硝酸，此时即产生褐色气体；
④要在酒精灯上微微加热直至标本变白，液体变成无色透明为止；
⑤等标本冷却后，将其沉淀；
⑥吸出上层清液，加入几滴重铬酸钾饱和溶液；
⑦将标本沉淀后，吸出上层清液，用蒸馏水重复洗4~5次，每次洗时必须使标本沉淀，吸出上层清液；
⑧吸出上层清液后，加入几滴95%乙醇；
⑨将标本取出，放在盖玻片上，并在酒精灯上烤干；
⑩在烤干后的盖玻片上加入一滴二甲苯，随即加一滴封片用的胶（加拿大树胶），然后将有胶的这一面盖在载玻片正中；
⑪等到胶风干后，即可在显微镜下观察。

2000年和2021年的标本采用的是过氧化氢（H_2O_2）处理法。与前面所述的略有不同处，主要是参照目前国际上处理沉积硅藻的标准方法（Battarbee et al., 2001）进行实验，其具体步骤如下。

①取0.5~1.0 g左右的样品放入50ml的离心管中，加入少量蒸馏水稀释，在通风橱中用80℃左右水浴加热。后加入10% HCl轻轻振荡试管使样品与盐酸充分混合，加热半小时以去除碳酸盐以及其它金属盐类氧化物。
②缓慢分批加入30%的H_2O_2，直至反应不剧烈，样品中气泡仅在表层很少出现为止，这一步主要用于去除样品中的有机质。
③反应完成后将试管从水浴锅中取出加入蒸馏水静置24小时，后倒去上层清液，再次加入蒸馏水静置，重复清洗三次以上，直至洗至中性。
④最后一次清洗完成后摇匀，用移液枪吸取适量样品滴于盖玻片上，使样品均匀盖住盖玻片，低温加热烘干，以避免过热烘干时样品在盖玻片上分布不均匀。最后将盖玻片滴

上 Naphrax® 树脂胶并置于载玻片上，在电热板上高温加热至胶中的甲苯完全被排出为止，即完成硅藻的前处理制片过程。冷却后置于标本盒中备用或日后显微镜下观察。

（二）标本的观察与鉴定

采用光学显微镜（Olypus 51 和 Zeiss Axioscope5）对硅藻植物进行了观察与拍照。种类的鉴定见参考文献。

第二部分 九大湖泊的硅藻

中心纲（Centricae）

圆筛藻目（Coscinodiscales）

冠盘藻科（Stephanodiscaceae）

小环藻属 *Cyclotella* (Kützing) Brébisson 1838

壳面圆盘形，少数为椭圆形，常呈切向波曲状或同心波曲状。边缘区与中央区纹饰明显不同，边缘区具辐射状线纹或肋纹，中央区一般平滑或具点纹和斑纹。

1. *Cyclotella bodanica* var. *affinis* Grunow　图版1：1

Antoniades et al., 2008, p. 60, Fig. 1：5.

壳面圆形，对称。直径28.0 μm。中央区有点纹无规律排列，线纹通常长短交错排列。中央区和边缘区分界明显，边缘区约占壳面半径的1/2，10 μm 内肋纹有10~12条。

分布：抚仙湖

2. *Cyclotella krammeri* Hakansson　图版1：2-17

Håkansson, 1990, p. 263, Figs. 3-10, 35-41.

壳面圆形，对称。直径5.0~21.0 μm。中央区形状不规则，内部具多个圆形斑孔。边缘区较宽，线纹长度不等，呈辐射状排列，10 μm 内线纹有18~20条。

分布：抚仙湖，阳宗海

3. *Cyclotella meneghiniana* Kützing　图版2：1-37

Kützing, 1844, p. 50, Fig. 30：68；齐雨藻, 1995, p. 53, Fig. 66.

壳面圆形，呈切向波曲状，壳面对称。直径8.0~27.5 μm。中央区和边缘区界限明显，边缘区宽度约为壳面半径的1/2到1/3，中央区较平滑，边缘区具辐射状排列肋的纹，10 μm 内线纹有8~9条。

分布：滇池，洱海，程海，异龙湖，杞麓湖

4. *Cyclotella ocellata* Pantocsek　图版2：38-49

齐雨藻, 1995, p. 56, Figs. 71, V：5-6.

壳面圆形，平坦。直径3.5~12 μm。中央区波曲状，边缘不整齐，具3个或多个圆形的斑纹，中央区与边缘区的界限明显，边缘区宽度约为壳面半径的1/2，边缘区线纹呈辐射排列，10 μm 内线纹有 15～26 条。

分布：洱海，泸沽湖，杞麓湖

5. *Cyclotella rhomboideo-elliptica* Skuja　图版 3：1-40，图版 4：1-43

Skuja, 1937, p. 49, Fig. Ⅲ：7-8；齐雨藻, 1995, p. 59, Fig. 76.

壳面菱形-椭圆形，呈同心波曲状。长径 7.0～43.0 μm，短径 6.5～33.0 μm。壳面边缘的内侧具成对的长圆形粗短纹。中央区内具散生或略呈辐射状排列的点纹，中央区与边缘区的界限明显，壳面边缘内侧具长圆形短纹，边缘区宽度约为壳面半径的 1/2，边缘区线纹呈辐射排列，略呈波状，10 μm 内线纹有 10～12 条。

分布：滇池，抚仙湖，杞麓湖，阳宗海

碟星藻属 *Discostella* Houk & Klee 2004

壳面圆盘形，通常呈同心波曲状。中央区平坦，具较大的长室孔，在中部形成星形图案。边缘区具辐射状的肋纹。壳面边缘具支持突和唇形突。

1. *Discostella asterocostata* (Lin, Xie & Cai) Houk & Klee　图版 5：1-1；图版 6：1-8

Xie et al., 1985, p. 473, Fig. 1：1-6；Tanaka, 2007, p. 32, Figs. 36：1-7, 37：1-5, 38：1-4, 39：1-5, 40：1-4.

壳面圆形，呈同心波曲状，壳面对称。直径 11.5～31.5 μm。中央区和边缘区界限明显，中央区具长室孔组成的星状图案，边缘区宽度约为壳面半径的 1/2，边缘区肋纹辐射排列，10 μm 内线纹有 17～20 条。

分布：滇池，异龙湖，杞麓湖，阳宗海

2. *Discostella stelligera* (Cleve & Grunow) Houk & Klee　图版 6：9-18

Pienitz et al., 2003, p. 20, Fig. 5：8.

壳面圆形，同心波曲状，壳面对称。直径 6.5～12.5 μm。中央区和边缘区界限明显，被一轮无纹饰、很窄的无纹区分开，中央区具辐射状的长室孔组成的星状图案，边缘区较窄，边缘区肋纹辐射排列，10 μm 内线纹有 12～14 条。

分布：异龙湖，杞麓湖

3. *Discostella psedustelligera* (Hustedt) Houk & Klee　图版 6：19-24

Houk & Klee, 2004, p. 223, Figs. 109-110.

壳面呈圆形，同心波曲状，壳面对称。直径 6.0～9.5 μm。中央区和边缘区界限明显，中央区具长室孔，组成星状图案，边缘区较宽，宽度约为壳面半径的 1/2，边缘区线纹辐射排列，并由长短不一的线纹组成，10 μm 内线纹有 9～10 条。

分布：抚仙湖、星云湖

环冠藻属 *Cyclostephanos* Round 1982

壳面圆形，同心波曲状，具辐射网孔束，在壳缘处为 3～4 列，向中央为单列。网孔束之间为肋纹，一直延伸到壳套，但未到壳套边缘。

1. *Cyclostephanos dubius* (Hustedt) Round　图版 7：1-62

齐雨藻, 1995, p. 70, Fig. 86, Ⅵ：1-2.

壳面圆形，对称，呈同心波曲状。直径 7.5~28.0 μm。壳面边缘具辐射网孔束形成的长室孔。中央区具点状点纹，形成长短不一的辐射状线纹。边缘区肋纹呈辐射排列，10 μm 内肋纹有 10~14 条。

分布：抚仙湖、洱海、程海、泸沽湖、滇池、杞麓湖、阳宗海、异龙湖、滇池

2. Cyclostephanos sp. 图版 8：1-18

壳面圆形，对称，呈波曲状。直径 33.0~62.5 μm。壳面边缘具长室孔。中央区具密集点状点纹，形成辐射状线纹，边缘区肋纹呈辐射排列，10 μm 内肋纹有 6~8 条。

分布：洱海、泸沽湖、抚仙湖、星云湖

琳达藻属 Lindavia（Schütt）De Toni & Forti 1900

壳面呈圆形或椭圆形，中央区平坦。中央区线纹排列多样，构成线纹的点纹粗大；边缘区具有辐射状短线纹，排列密集或稀疏。

1. Lindavia affinis Grunow 图版 9：1-14

Krammer & Lange-Bertalot, 1991, p. 54, Fig. 1-4b.

壳面圆形，中央区平坦，约占半径的 2/3。直径 9.0~16.5 μm。边缘具有一圈短线纹，约占壳面半径 1/3，朝向中央区呈辐射状分布，中央区点纹粗大，10 μm 内线纹有 18~20 条。

分布：滇池，异龙湖，杞麓湖

2. Lindavia praetermissa（Lund）Nakov 图版 9：15-26

谭香和刘妍，2022，p. 12，Fig. 12：1-8.

壳面圆形，中央区平坦，约占半径的 1/2。直径 9.5~14.5 μm。边缘有一圈短线纹，朝向中央区呈辐射状分布，构成线纹的点纹粗大，10 μm 内线纹有 16~17 条。

分布：程海

冠盘藻属 Stephanodiscus Ehrenberg 1845

壳体呈圆盘形，少数为鼓形，壳面圆形，通常平坦或波曲，壳缘具有刺状突起。线纹单列至多列，呈辐射状分布，构成束状结构。

1. Stephanodiscus hantzschii Grunow 图版 10：1-29

Cleve & Grunow, 1880, p. 115, Fig. Ⅶ：131；齐雨藻，1995, p. 65, Fig. Ⅵ：3.

描述：壳面圆形，平坦，壳缘有明显的刺状突起。直径 11.0~20.0 μm。线纹朝向中央区呈辐射状分布，束状排列，壳缘的两条线纹向中央区逐渐合并成单条线纹，10 μm 内线纹有 7~9 条。部分点纹清晰。

分布：抚仙湖，泸沽湖

2. Stephanodiscus minutulus（Kützing）Round 图版 11：1-16

齐雨藻，1995, p. 67, Fig. 84.

壳面圆形，中央区略微波曲，壳缘有明显的刺状突起。直径 5.0~15.0 μm。线纹朝向中央区呈辐射状分布，束状排列紧凑，壳缘的两条线纹向中央区逐渐合并成单条线纹，10 μm 内线纹有 12~22 条。

分布：滇池，洱海，程海

3. *Stephanodiscus tenuis* Hustedt　图版 11：17-19

Hustedt, 1939, p. 583, Fig. 3; Bey et al. 2013, p. 67, Figs: 1-19.

壳面圆形，平坦，壳缘有明显的刺状突起。直径 9.5 ~ 12 μm。线纹朝向中央区呈辐射状分布，明显呈束状排列，线纹排列较紧凑，壳缘的多条线纹朝向中央区逐渐合并成单条线纹，10 μm 内线纹有 14 ~ 18 条。肋纹清晰，具有一个小环状的中央区。

分布：异龙湖，杞麓湖

海链藻属 *Thalassiosira* (Kutzing) Williams & Round 1986

壳体呈圆柱形，壳面圆形，平坦或波曲，通常壳缘有支持突。线纹呈辐射状分布，未构成束状，点纹形状不规则。

1. *Thalassiosira baltica* (Grunow) Ostenfeld　图版 12：1-6

Campeau et al., 1999, p. 74, Fig. 4：1-3.

壳面圆形，较波曲。直径 19.0 ~ 29.5 μm。线纹朝中央区呈辐射状分布，排列不规则，构成线纹的点纹粗大。壳缘具有支持突。

分布：洱海，程海

2. *Thalassiosira lacustris* (Grunow) Hasle　图版 12：7-12

谭香和刘妍，2022, p. 14, Fig. 14：1-5.

壳面圆形，较波曲。直径 11.0 ~ 16.0 μm。线纹朝中央区呈辐射状分布，排列不规则，点纹呈矩形–圆形，大小不规则。

分布：滇池

爱德华藻属 *Edtheriotia* Kociolek, You, Stepanek, Lowe & Wang 2016

壳面圆形，平坦。靠近壳面内部边缘处有狭窄的无纹区。线纹由点纹组成，长短不等，呈辐射状排列。

1. *Edtheriotia shanxiensis* (Xie & Qi) Kociolek, You, Stepanek, Lowe & Wang　图版 13：1-23

Xie et al., 1984, p. 188, Figs. 1-4; Kociolek et al., 2016, p. 274.

壳面圆形，壳面对称。直径 10.0 ~ 29.5 μm。壳缘内侧有一圈无纹区，中央区内有辐射状排列的线纹。

分布：星云湖

沟链藻属 *Aulacoseira* Thwaites 1848

细胞圆柱形，通常由刺棘等结构连接成长链状群体。壳面圆，平坦。壳套上网孔较大，通常为圆形或椭圆形、矩形。

1. *Aulacoseira ambigua* (Grunow) Simonsen　图版 14：1-23

Cumming et al., 1995, p. 63, Fig. 1：11-12.

细胞呈圆柱形，通常紧密连接成链状群体。壳面直径 6 ~ 8.5 μm，高 5.5 ~ 12.5 μm。

点纹近圆形，线纹螺旋状排列向右弯曲，10 μm 内线纹有 16~18 条。

分布：滇池，异龙湖，星云湖，阳宗海

2. *Aulacoseira crassipunctata* Krammer　图版 15：1-6

Krammer，1991，p. 490，Figs. 71-79.

细胞呈圆柱形，通常连接成紧密的链状群体。壳面直径 9.5~18.0 μm，高 25.0~28.0 μm。相邻细胞的连接刺通常较短，具 1~2 条长刺。线纹由椭圆形至圆形的点纹组成，几乎与壳面边缘平行，10 μm 内线纹有 6~7 条。

分布：异龙湖

3. *Aulacoseira granulata* (Ehrenberg) Simonsen　图版 16：1-24

Cumming et al.，1995，p. 65，Figs. 32：4，60：24；Reavie & Smol，1998，p. 16，Fig. 1：9-11.

细胞呈圆柱形，连接成紧密的链状群体。壳面直径 6.5~10.5 μm，高 10.5~17.5 μm。相邻细胞间的连接刺较短，具 1 条长刺。点纹清晰，线纹平行壳缘分布，有时斜向螺旋状排列，10 μm 内线纹有 10~14 条。

分布：滇池，洱海，抚仙湖，程海，异龙湖，杞麓湖，星云湖

4. *Aulacoseira granulata* var. *angustissima* (Müller) Simonsen　图版 17：1-13

Cumming et al.，1995，p. 65，Fig. 56：15.

细胞呈圆柱形，紧密连接成细而长的链状群体。壳面直径 3.0~4.0 μm，高 10.5~16.5 μm。线纹螺旋状向右弯曲，10 μm 内线纹有 16~18 条。

分布：滇池，抚仙湖，异龙湖，杞麓湖

5. *Aulacoseira islandica* (Müller) Simonsen　图版 18：1-5

Campeau et al.，1999，p. 69，Fig. 1：1-4.

细胞呈圆柱形，紧密连接成链状群体。壳面直径 6.5~8.0 μm，高 9.5~13.0 μm。点纹近圆形，线纹平行于壳面边缘，偶尔向右弯曲，10 μm 内线纹有 12~14 条。

分布：洱海

6. *Aulacoseira valida* (Grunow) Krammer　图版 19：1-21

Siver et al.，2005，p. 40-41，Fig. 3：1-2.

细胞呈圆柱形，通常连接成链状群体。壳面直径 10.0~14.5 μm，高 9.5~11 μm。点纹椭圆形至圆形，线纹明显向右弯曲，10 μm 内线纹有 12~16 条。

分布：泸沽湖

直链藻属 *Melosira* Agardh 1824

壳体呈圆形或圆柱形，通常由胶质壳面连接成链状群体，壳面平坦，在光镜下纹饰和壳体结构都不易看清。

1. *Melosira varians* Agardh　图版 20：1-10

齐雨藻，1995，p. 34，Figs. 41，Ⅱ：8-9.

壳体呈圆柱形，相连接成链状群体。壳体直径 7.0~10.5 μm，高 11.5~17.5 μm。

分布：滇池，洱海

羽纹纲（Pennatae）

无壳缝目（Araphidinales）

脆杆藻科（Fragilariaceae）

星杆藻属 *Asterionella* Hassall 1850

壳面线状披针形，两端不对称，一端比另一端大，呈头状。壳面关于纵轴对称。假壳缝窄，不明显。线纹清楚。

1. *Asterionella formosa* Hassall　图版 21：1-16

Hassall, 1850, p. 9-10, Fig. II：5；Reavie & Smol, 1998, p. 21, Fig. 5：1-4.

壳面线形，壳面两端逐渐变窄，末端呈头状，两端明显不对称，一端为粗状头状，另一端为较小头状或不明显头状。长 60.5~88.5 μm，宽 2.0~3.0 μm 通常不明显。线纹在光镜下不清晰。

分布：洱海，泸沽湖

等片藻属 *Diatoma* Bory 1824

壳面线形、披针形或椭圆形，壳面几乎对称，末端圆形或宽圆。胸骨凸出。壳面具有横肋纹和横线纹，肋纹平行排列。

1. *Diatoma vulgaris* Bory　图版 22：1-14

Bory de Saint-Vincent, 1824, p. 461, Fig. 51：1a-b；Reavie & Smol, 1998, p. 24, Fig. 6：1-4.

带面观长方形。壳面线状披针形，末端圆形。长 34.5~56.5 μm，宽 8.5~11.5 μm。胸骨线形，凸出。横肋纹近平行排列，间隔较均匀，肋纹间有横线纹，10 μm 内肋纹有 6~10 条。

分布：洱海，泸沽湖

2. *Diatoma mesodon* (Ehrenberg) Kützing　图版 22：15

Kützing, 1844, p. 47, Fig. 17：13；Cumming et al., 1995, p. 46, Fig. 11：9-10.

壳面椭圆状披针形，末端略呈尖圆形。长 18.0 μm，宽 6.5 μm。胸骨明显，较窄呈线形。横肋纹近平行排列，分布不规则，10 μm 内线纹有 4~5 条。

分布：星云湖

脆杆藻属 *Fragilaria* Lyngbye 1819

壳面线形、披针形到椭圆形，两侧对称，中部常有缢缩或膨胀，末端钝圆、喙状或小头状。壳面具假壳缝，较窄或披针形，中央区有或缺失，或单侧发育。线纹互生。

1. *Fragilaria aquaplus* Lange-Bertalot & Ulrich　图版 23：1

Lange-Bertalot & Ulrich, 2014, p. 32, Figs. 13：15-19, 14：9-14.

壳面线状披针形，末端延伸呈小头状。长42.0 μm，宽2.0 μm。假壳缝线形；中央区呈矩形，无线纹。线纹互生，近平行排列，10 μm 内线纹有17～20条。

分布：杞麓湖

2. *Fragilaria boreomongolica* Kulikovskiy 图版23：2-4

Kulikovskiy et al., 2010, p. 36, Fig. 9：2-8, 22-23.

壳面披针形，中部单侧略凸出，末端无延伸，呈圆形。长21.5～29.5 μm，宽3.5～4.0 μm。假壳缝较窄；中央区单侧发育，略膨胀，延伸到壳缘。线纹单排互生，近平行排列，10 μm 内线纹有17～18条。

分布：阳宗海

3. *Fragilaria capucina* Desma 图版23：5

Fallu et al., 2000, p. 73, Fig. 5：30, 32-35.

壳面线状披针形，向两端渐窄，两侧轻微缢缩，末端延长呈小头状。长30.5 μm，宽4.5 μm。假壳缝窄线形；中央区线纹缺失或模糊，近长方形，仅一侧具有线纹且略膨胀。线纹单排互生，平行排列，10 μm 内线纹有16～18条。

分布：泸沽湖，异龙湖，杞麓湖

4. *Fragilaria crotonensis* Kitton 图版24：1-21

Kitton, 1869b, p. 110, Fig. 81；Reavie & Smol, 1998, p. 26, Fig. 8：18.

细胞壳面相连成带状群体。带面中部及两端加宽，细胞仅在中部或两端相连，形成一个披针形区域。壳面长线形，中部略宽，末端略呈头状。长52.0～80.5 μm，宽2.5～4.0 μm。假壳缝窄线形；中央区长方形。线纹单排互生，平行排列，10 μm 内线纹有15～16条。

分布：洱海，抚仙湖，星云湖，阳宗海

5. *Fragilaria cyclopum* Brutschy 图版23：6-7

Krammer & Lange-Bertalot, 1991, p. 134, Fig. 117：15-16.

壳面呈弓形，末端略呈头状。长33.5～38.5 μm，宽4.0～4.5 μm。假壳缝窄线形，略弯曲；中央区较长，延伸到壳面边缘。线纹单排，互生，近平行排列，10 μm 内线纹有17～19条。

分布：洱海

6. *Fragilaria fragilarioides* (Grunow) Cholnoky 图版23：8-10

Cholnoky, 1963, p. 169, Fig. 25：29-30.

壳面线形，中部略凸出，末端延伸呈长喙状或头状。长38.0～47.5 μm，宽3.5～4.0 μm。假壳缝窄，线形；中央区近矩形，延伸到壳面边缘。线纹单排互生，近平行排列，10 μm 内线纹有13～14条。

分布：洱海，星云湖

7. *Fragilaria mesolepta* Rabenhorst 图版23：11

Kulikovskiy et al., 2010, p. 37, Fig. 9：19.

壳面线状披针形，中部明显收缩，略波曲，末端延伸呈小头状。长40.5 μm，宽4.5 μm。中央区形状不规则，延伸到壳面边缘。线纹互生，平行排列，在光镜下不明显。

分布：异龙湖

8. *Fragilaria microvaucheriae* Wetzel　图版23：12

Wetzel & Ector, 2015, p. 282, Figs. 107-142.

壳面线状披针形，壳面中部单侧膨胀凸出，两端轻微缢缩，末端呈喙状。长18.0 μm，宽4.5 μm。假壳缝较窄；中央区单侧发育，延伸到壳面边缘。线纹单排互生，近平行排列，10 μm 内线纹有19~20 条。

分布：抚仙湖

9. *Fragilaria misarelensis* Almeida, Delgado, Novais & Blanco　图版23：13

Novais et al., 2019, p. 4, Figs. 3-43.

壳面披针形，中部略膨胀，两端略缢缩，末端呈喙状。长10.0 μm，宽3.0 μm。假壳缝窄；中央区仅单侧具有，延伸至壳缘。线纹单排互生，平行排列，10 μm 内线纹有26~28 条。

分布：泸沽湖

10. *Fragilaria pararumpens* Lange-Bertalot, Hofm & Werum　图版25：1-16

Hofmann et al., 2011, p. 269, Fig. 8.

壳面长线形，中部膨胀，两端略缢缩，末端呈喙状或小头状。长27.5~67.0 μm，宽3.5~4.0 μm。假壳缝窄；中央区线纹缺失或模糊，形状近矩形。线纹单排互生，平行排列，10 μm 内线纹有10~14 条。

分布：洱海，泸沽湖，星云湖

11. *Fragilaria pectinalis* Lyngbye　图版23：14-17

Lyngbye, 1819, p. 184, Fig. 63：D.

壳面披针形，中部单侧膨胀凸出，两端轻微缢缩，末端呈喙状或头状。长18.0~20.0 μm，宽3.0~4.0 μm。假壳缝较窄；中央区单侧发育且膨胀凸出，延伸至壳面边缘。线纹单排互生，平行排列，10 μm 内线纹有17~20 条。

分布：洱海，星云湖

12. *Fragilaria radians* (Kützing) Williams & Round　图版23：18-19

Kützing, 1844, p. 64, Fig. 14/7：1-4.

壳面线状披针形，向两端渐狭，轻微缢缩，末端呈喙状。长33.0~47.0 μm，宽4.0~5.0 μm。假壳缝较窄，线形；壳面中部线纹缺失或模糊，形成长方形的中央区。线纹单排互生，平行排列，10 μm 内线纹有9~10 条。

分布：滇池

13. *Fragilaria sandelii* Van de Vijcer & Jarlman　图版23：20

Van de Vijver et al., 2012, p. 242, Figs. 26-46.

壳面呈披针形，两端缢缩，末端延长呈小头状。长18.0 μm，宽4.0 μm。假壳缝较窄；中央区单侧发育，略膨胀，并延伸至壳缘。线纹单排互生，平行排列，10 μm 内线纹有17~18 条。

分布：杞麓湖

14. *Fragilaria vaucheriae* Petersen　图版23：21-23

Petersen, 1938, p. 167, Fig. 1：a-g; Cumming et al., 1995, p. 53, Fig. 59：4.

壳面线状披针形，两侧边缘近乎平行，向两端变窄，末端呈头状或喙状变圆。长17.5~23.5 μm，宽5.0~5.5 μm。假壳缝窄线形；中央区仅一侧具有，且通常膨胀，并延伸到壳缘，中央区两侧线纹缩短。线纹单排互生，平行排列，10 μm 内线纹有12~14条。

分布：星云湖

15. *Fragilaria vaucheriae* var. *capitellata*（Grunow）Patrick 图版23：24-28

齐雨藻和李家英，2004，p. 58，Figs. IV：18，V：11，XXXII：9，XXXVI：12.

壳面披针形，壳面两侧呈弧形，向两端变窄，末端呈小头状。长20.5~27.0 μm，宽3.0~3.5 μm。假壳缝窄线形。中央区仅一侧具有，且通常膨胀，并延伸到壳缘。线纹单排互生，平行排列，10 μm 内线纹有19~20条。

分布：滇池，程海，星云湖

16. *Fragilaria vaucheriae* var. *elliptica* Manguin 图版23：29

Manguin，1960，p. 270，Fig. 1：10.

壳面近椭圆形，向两端变窄，末端钝圆。长15.5 μm，宽6.5 μm。假壳缝窄线形；中央区仅一侧具有，且通常膨胀，延伸到壳面边缘。线纹单排互生，略辐射状排列，10 μm 内线纹有11~12条。

分布：洱海

17. *Fragilaria* sp. 1 图版26：1-10

壳面长披针形，中部略收缩，向两端逐渐变窄，末端尖圆形。长72.0~101.0 μm，宽4.5~6.5 μm。假壳缝较窄，线形；中央区明显，两侧均延伸到壳缘。线纹单排互生，平行排列，10 μm 内线纹有10~13条。

分布：洱海

脆形藻属 Fragilariforma Williams & Round 1988

壳面线形、线状披针形或椭圆形，有时中部膨胀呈十字形，末端圆形或延长呈喙状、头状。胸骨较窄且凸出，有时缺失。线纹单列，平行排列。

1. *Fragilariforma horstii* Morales, Manoylov & Bahls 图版26：11

Morales et al., 2012，p. 145，Figs. 1-21.

壳面中间部分强烈膨胀凸出，向两端逐渐缩小，呈十字形，末端尖圆形。长24.0 μm，宽10.5 μm。假壳缝不明显；线纹单排，近平行排列，末端略辐射排列，10 μm 内线纹有12~13条。

分布：泸沽湖

假十字脆杆藻属 Pseudostaurosira Williams & Round 1988

壳面形状多样，通常呈线形、披针形或椭圆形，末端呈喙状、尖圆形或圆形，部分种壳面呈波形。中轴区通常呈披针形。线纹较短，平行或轻微辐射状排列。

1. *Pseudostaurosira brevistriata*（Grunow）Williams & Round 图版27：1-3

Williams & Round, 1987，p. 276，Figs. 28-31.

壳面披针形，末端呈尖圆形，壳面几乎对称。长 7.0~17.0 μm，宽 2.5~5.0 μm。中轴区宽，呈宽披针形，约占壳面 1/2 至 2/3。短线纹沿壳缘呈辐射状排列，10 μm 内有 14~16 条线纹。

分布：异龙湖，杞麓湖

2. *Pseudostaurosira parasitica*（Smith）Morales 图版 27：4-6

Morales, 2003, p. 287, Figs. 27-43, 54-58, 60, 64.

壳面近菱形–披针形，壳面中部明显最宽，末端延伸呈长喙状–近小头状，壳面几乎对称。长 13.5 μm，宽 5.0 μm。中轴区狭窄，呈窄披针形，约占壳面 1/3。线纹近平行排列，10 μm 内有 17~18 条线纹。

分布：阳宗海

3. *Pseudostaurosira spinosa* Skvortzow 图版 27：7-10

Flower, 2005, p. 65, Figs. 95-98, 102.

壳面近菱形，中部近楔形，末端略微延伸呈长喙状–近小头状，壳面几乎对称。长 12.5~14.5 μm，宽 3.5 μm。中轴区狭窄，呈线形。线纹近平行排列，10 μm 内有 16~19 条线纹。

分布：抚仙湖

十字脆杆藻属 *Staurosira* Ehrenberg 1843

壳面呈十字形或披针形，末端呈圆形或近头状。中轴区呈披针形。线纹近平行排列，几乎延伸到中轴区。

1. *Staurosira binodis*（Ehrenberg）Lange-Bertalot 图版 27：11

Hofmann et al., 2013, p. 260, Figs. 41-57.

壳面近披针形，壳面轮廓呈三波形，末端近头状，壳面几乎对称。长 17.0~19.0 μm，宽 4.5~8.0 μm。中轴区狭窄，直线形。线纹近平行密集排列，延伸到中轴区，10 μm 内线纹有 17~18 条。

分布：洱海，杞麓湖

2. *Staurosira construens*（Ehrenberg）Grunow 图版 28：1-35

Novelo et al., 2007, p. 21, Fig. 2：5.

壳面十字形，末端呈圆形–近头状，中部最宽，壳面几乎对称。长 7.5~16.0 μm，宽 6.0~11.0 μm。中轴区狭窄，呈线形。线纹近平行排列，几乎延伸到中轴区，10 μm 内线纹有 13~14 条。

分布：洱海，抚仙湖，异龙湖，杞麓湖，星云湖

3. *Staurosira incerta* Morales 图版 27：12-15

Morales, 2006, p. 137, Figs. 1-12, 13-24.

壳体小，壳面线形–披针形，末端呈尖圆形–圆形，壳面不对称。长 6.5~12.5 μm，宽 3.0~4.5 μm。中轴区狭窄，呈线形。线纹粗短，两侧线纹互生，几乎延伸到中轴区，10 μm 内线纹有 10~12 条。

分布：抚仙湖，杞麓湖，异龙湖

4. *Staurosira pottiezii* Van de Vijver　图版 27：47

Van de Vijver et al., 2014, p. 257, Figs. 1-25; Zindarova et al. 2016, p. 42, Fig. 6: 1-20.

壳体小, 壳面线形-窄披针形, 末端近头状, 壳面不对称。长 14.5 μm, 宽 4.5 μm。中轴区狭窄, 呈窄披针形。线纹近平行排列, 10 μm 内线纹有 13~14 条。

分布：抚仙湖

5. *Staurosira venter* (Ehrenberg) Cleve & Möller　图版 27：16-28

Antoniades et al., 2008, p. 294, Figs. 5：8, 82：1-3.

壳体小, 壳面近菱形-近宽披针形, 末端呈尖圆形-近头状, 壳面不对称。长 8.5~21.0 μm, 宽 4.5~8.0 μm。中轴区狭窄, 线形。线纹互生, 平行排列, 延伸到中轴区, 10 μm 内线纹有 12~16 条。

分布：滇池, 洱海

窄十字脆杆藻属 *Staurosirella* Williams & Round 1987

壳体较小, 壳面呈线形、十字形、椭圆形或披针形。中轴区狭窄。线纹粗, 两侧线纹互生, 近平行排列, 延伸到中轴区。

1. *Staurosirella ovata* Morales　图版 27：29-34

Morales & Manoylov, 2006, p. 357, Figs. 44-46, 108-113.

壳体小, 壳面椭圆形, 末端呈圆形-宽圆形, 壳面几乎对称。长 5.5~7.0 μm, 宽 4.0~5.0 μm。中轴区狭窄, 呈窄披针形。线纹粗, 两侧线纹互生, 近平行排列, 几乎延伸到中轴区, 10 μm 内线纹有 10~12 条。

分布：洱海, 异龙湖

2. *Staurosirella pinnata* (Ehrenberg) Williams & Round　图版 27：35-46

Vande Vijver et al., 2002, p. 116, Fig. 14：15-23.

壳体小, 壳面椭圆形-披针形, 末端呈尖圆形-宽圆形, 壳面不对称。长 6.0~14.0 μm, 宽 4.0~7.0 μm。中轴区面狭窄, 呈窄披针形。线纹粗, 两侧线纹互生, 几乎延伸到中轴区, 10 μm 内线纹有 7~10 条。

分布：抚仙湖, 杞麓湖

网孔藻属 *Punctastriata* Williams & Round 1988

壳面呈线形、椭圆形、菱形或披针形, 末端近小头状或延伸呈长喙状。中轴区狭窄、线形, 中央区不明显。线纹粗, 由多列点纹构成, 两侧线纹互生。肋纹清晰。

1. *Punctastriata mimetica* Morales　图版 29：1-10

Morales, 2005, p. 128, Figs. 59-73, 115-120.

壳面近菱形-披针形, 末端延伸呈长喙状-近小头状, 壳面不对称。长 9.5~26.0 μm, 宽 4.0~8.0 μm。中轴区狭窄; 无明显的中央区。线纹粗, 两侧线纹互生, 近平行排列, 10 μm 内有 10~12 条线纹。肋纹清晰。

分布：抚仙湖, 异龙湖, 杞麓湖

平格藻属 *Tabularia* (Kützing) Williams & Round 1986

壳面呈线形或披针形，向两端逐渐狭窄，末端略微延伸呈小头状或喙状。中轴区宽，线纹较短，近平行排列。

1. *Tabularia fasciculata* (Agardh) Williams & Round　图版29：11-17

Williams & Round, 1986, p. 326, Figs. 46-52.

壳面线形–近窄披针形，末端略微延伸呈小头状，两端朝向同一侧略微弯曲，壳面上下几乎对称。长20.0~29.0 μm，宽4.5~5.5 μm。中轴区宽，约占壳面2/3。线纹较短，近平行排列，10 μm内有13~14条。

分布：杞麓湖

肘形藻属 *Ulnaria* (Kützing) Compère 2001

壳体细长，壳面通常呈线形或长披针形，两侧几乎平行，中部朝向两端逐渐变尖，末端呈喙状或延伸呈小头状。中轴区狭窄，呈线形或丝状，中央区多呈横矩形。线纹呈平行状排列，两侧线纹多互生。

1. *Ulnaria acus* (Kützing) Aboal　图版30：1-12

Metzeltin et al., 2009, p. 166, Fig. 17：1-4.

壳体细长，壳面线形，末端明显延伸呈小头状，中部两侧近平行，壳面上下几乎对称。长87.0~141.5 μm，宽3.5~4.5 μm。中轴区丝状，中央区矩形。线纹清晰，平行排列，10 μm内有12~16条。

分布：洱海，程海，星云湖

2. *Ulnaria amphirhynchus* (Ehrenberg) Compère & Bukhtiyarova　图版31：1-14

Ehrenberg, 1843, p. 425 (137), Fig. 3/1：25.

壳体细长，壳面线形，中部有两处轻微缢缩，末端明显延伸呈小头状，壳面上下几乎对称。长61.5~128.5 μm，宽4.0~6.0 μm。中轴区线形，中央区近矩形。线纹清晰，两侧线纹互生，中央区无线纹，10 μm内有11~13条。

分布：洱海

3. *Ulnaria biceps* (Kützing) Compère　图版32：1

Metzeltin et al., 2009, p. 162, Fig. 15：5-5a.

壳体细长，壳面线形，末端明显膨大呈头状，两侧近平行，壳面上下几乎对称。长132.0 μm，宽5.0 μm。中轴区线形，中央区近矩形。线纹清晰，平行排列，10 μm内有9~10条。

分布：杞麓湖

4. *Ulnaria danica* (Kützing) Compère & Bukhtiyarova　图版32：2-7

Zimmerman et al., 2010, p. 170, Fig. 16：30-31.

壳体细长，壳面线形，末端明显延伸呈头状–喙状，壳面上下几乎对称。长110.5~179.0 μm，宽5.5~6.5 μm。中轴区线形，中央区呈矩形。线纹清晰，平行排列，中央区无线纹，10 μm内有8~11条。

分布：杞麓湖，异龙湖，星云湖

5. *Ulnaria ulna* (Nitzsch) Compère 图版 33：1-7

Bey & Ector, 2013, p. 291, Figs. 1-13.

壳面线形，末端略微延伸呈小头状-喙状，壳面上下几乎对称。长 83.5~130.0 μm，宽 6.0~7.5 μm。中轴区线形，中央区呈矩形。线纹清晰，两侧线纹互生，中央区无线纹，10 μm 内有 7~10 条。

分布：洱海，异龙湖

6. *Ulnaria ungeriana* (Grunow) Compère 图版 32：8-9

Metzeltin et al., 2009, p. 160, Fig. 14：6-8.

壳面宽线形，末端略微延伸呈尖圆形-喙状，壳面上下几乎对称。长 67.0~78.5 μm，宽 7.5 μm。中轴区线形，中央区呈矩形。线纹清晰，平行排列，中央区无线纹，10 μm 内有 8~10 条。

分布：星云湖

短壳缝目（Raphidionales）

短缝藻科（Eunotiaceae）

短缝藻属 *Eunotia* Ehrenberg 1837

壳面弓形或弯线形，背侧呈弓形弯曲或波曲状，腹侧近平直或凹入，末端随不同的种类略有变化。短壳缝位于壳面末端，端节形状和大小各不相同。线纹通常呈平行排列，在末端时略呈辐射状排列。

1. *Eunotia bilunaris* (Ehrenberg) Schaarschmidt 图版 34：1-3

Lange-Bertalot, et al., 2011, p. 67, Figs. 30：1-27, 31：1-14, 32：1-16, 33：1-7.

壳面细长形，两侧壳缘近乎平行，背侧呈弓形弯曲，腹侧明显凹入，两端呈圆形，端节位于腹侧末端。长 22.0~95.5 μm，宽 4.5~6.0 μm。短壳缝位于壳面末端，在光镜下可见。线纹单排，近乎平行排列，10 μm 内线纹有 14~19 条。

分布：滇池

2. *Eunotia cantonatii* Lange-Bertalot & Tagliaventi 图版 34：4

Lange-Bertalot et al., 2011, p. 72, Figs. 28：1-17, 29：1-10.

壳面背侧弧形弯曲，腹侧略凹入，末端呈圆形。长 13.5 μm，宽 4.5 μm。线纹在壳面中部近平行排列，近末端略呈辐射状排列，10 μm 内线纹有 16~17 条。

分布：洱海

3. *Eunotia formicina* Lange-Bertalot 图版 34：14-15

Lange-Bertalot et al., 2011, p. 105, Figs. 222：1-7, 223：1-7.

壳面线形略弯曲，背腹侧几乎平行，背侧略向外凸，腹侧近平直，中部略膨胀，末端近头状，端节位于腹侧末端。长 50.5~66.5 μm，宽 8.0~8.5 μm。线纹由小圆点纹组成，近平行排列，靠腹侧具一条无线纹，10 μm 内线纹有 10~12 条。

分布：洱海

4. *Eunotia corsica* Lange-Bertalot & Roland Schmidt　图版 34：12-13

Lange-Bertalot et al., 2011, p. 79, Figs. 2：1-8, 3：1-6.

壳面细长形，略弯，背腹侧近平直，两侧壳缘几乎平行，末端呈头状。长 140.5 ~ 158.0 μm，宽 9.0 ~ 10.0 μm。线纹单排，近平行排列，10 μm 内线纹有 12 ~ 15 条。

分布：洱海

5. *Eunotia indica* Grunow　图版 35：1-15

Grunow, 1865, p. 5, Fig. 1：7a-b；Lange-Bertalot et al., 2011, p. 123, Fig. 219：1-4.

壳面背侧略凸出呈弓形，腹侧近平直或略凹入，两端渐窄形成圆形或头状末端，端节明显较大，位于腹侧末端。长 34 ~ 65.5 μm，宽 7.5 ~ 10.5 μm。线纹单排，近平行排列，在两端略呈辐射排列，10 μm 内线纹有 8 ~ 13 条。

分布：洱海

6. *Eunotia macroglossa* Furey, Lowe & Johansen　图版 34：6-7

Furey et al., 2009, p. 276, Figs. 2-14, 17-19, 20-25.

壳面窄披针形，略呈弧形弯曲，向两端逐渐变窄，背侧略凸出，腹侧略波曲，末端近圆形，端节位于腹侧的末端。长 30.5 ~ 39.0 μm，宽 4.0 ~ 4.5 μm。线纹单排，近平行排列，两端微辐射排列，10 μm 内线纹有 12 ~ 15 条。

分布：异龙湖

7. *Eunotia soleirolii* (Kützing) Rabenhorst　图版 34：10-11

Lange-Bertalot et al., 2011, p. 222, Figs. 158：6-11, 167：1-13, 168：1-41, 169：1-8, 170：1-3.

壳面近弓形，背侧凸出，腹侧略凹入，背侧向末端渐窄，末端钝圆，端节靠近腹侧末端。长 20.0 ~ 23.5 μm，宽 4.5 ~ 5.0 μm。线纹单排，近平行排列，10 μm 内线纹有 16 ~ 18 条。

分布：洱海

8. *Eunotia monodon* var. *bidens* (Gregory) Hustedt　图版 34：8-9

Hustedt, 1932, p. 306, Fig. 772d；齐雨藻和李家英，2004, p. 110, Fig. XIII：10.

壳面弓形，背侧凸出且具 2 个波峰，腹侧略凹入，向末端逐渐变窄，末端呈钝圆形。长 24.5 ~ 31.5 μm，宽 6.5 ~ 7.5 μm。线纹单排，呈平行排列，近末端的线纹略呈辐射状排列，10 μm 内线纹有 9 ~ 11 条。

分布：洱海

9. *Eunotia odebrechtiana* Metzeltin & Lange-Bertalot　图版 34：5

Metzeltin & Lange-Bertalot, 1998, p. 71-72, Fig. 56：1-6, 13-14.

壳面近弓形，背侧凸出呈弓形，腹侧略凹入，向两端逐渐变窄，末端圆形。长 43.5 μm，宽 9.0 μm。线纹单排，近平行排列，向两端逐渐辐射，线纹间具极短的短线纹，10 μm 内线纹有 14 ~ 16 条。

分布：异龙湖

单壳缝目（Monoraphidinales）

曲壳藻科（Achnanthaceae）

曲丝藻属 *Achnanthidium* Kützing 1844

壳体较小，壳面线形至披针形，末端圆形、头状或喙状。具壳缝面略凹，壳缝较直；无壳缝面略凸，中轴区线形或披针形。线纹由点纹组成，近平行或略呈辐射排列。

1. *Achnanthidium catenatum* (Bily & Marvan) Lange-Bertalot 图版 36：1

Hlúbiková et al., 2011, p. 23-25, Figs. 1-34, 148-155.

壳面披针形，末端明显缢缩，延长呈头状。长 13.5 μm，宽 3.0 μm。具壳缝面壳缝沿着中轴区较直，近缝端和远缝端均较直，无偏转。中轴区窄，线形；中央区较小，约占壳面宽度的 1/3。线纹单排，近平行排列，线纹在光镜下不清晰。

分布：洱海

2. *Achnanthidium ennediense* Compère & Van de Vijver (*druartii* Rimet & Couté) 图版 36：2-6

Compère & Van de Vijver, 2011, p. 7, Figs. 1-58.

壳面线性披针形，末端轻微缢缩，略延长呈近头状，壳面沿纵轴几乎对称。长 18.5~22.0 μm，宽 3.0~3.5 μm。具壳缝面壳缝较直，近缝端和远缝端均较直。中轴区窄线形；中央区近椭圆，约占壳面宽度的 1/3。线纹始终辐射，线纹在光镜下不清晰。

分布：星云湖

3. *Achnanthidium eutrophilum* (Lange-Bertalot) Lange-Bertalot 图版 36：7-10

Lange-Bertalot & Metzeltin, 1996, p. 25, Fig. 78：29-38.

壳面窄披针形，末端轻微缢缩，呈头状，壳面沿纵轴对称。长 15.0~19.0 μm，宽 3.5~4.5 μm。具壳缝面壳缝较直，近壳缝末端略微膨大，远壳缝末端较直；中轴区线形，从中部向两端逐渐变窄；中央区近圆形，约占壳面宽度的 1/3。无壳缝面中轴区较窄，在壳面中部略膨胀。线纹单排，辐射排列，线纹在光镜下不清晰。

分布：滇池，程海，泸沽湖，杞麓湖

4. *Achnanthidium exiguum* (Grunow) Czarnecki 图版 37：1-12

Taylor et al., 2014, p. 45-46, Figs. 2-64.

壳缘两侧近平行，末端明显缢缩，延长呈头状或宽头状，壳面沿纵轴对称。长 10.5~17.5 μm，宽 5.5~8.0 μm。具壳缝面壳缝较直，近壳缝末端略膨大，远壳缝末端较直，无明显偏转；中轴区线形，从中部朝向两端逐渐变窄；中央区近横矩形；线纹近平行排列，10 μm 内线纹有 18~20 条。无壳缝面中轴区从两端向中部逐渐变宽；中央区形状不规则；10 μm 内线纹有 15~17 条。

分布：洱海，异龙湖，杞麓湖

5. *Achnanthidium gracillimum* (Meister) Lange-Bertalot 图版 37：13-17

Meister, 1912, p. 97, Figs. 21-22；Krammer & Lange-Bertalot, 2004, p. 430, Fig. 33：

1-12.

壳面长线形，中部较膨大，末端无缢缩，平截至钝圆，壳面沿纵轴近乎对称。长 18.0~26 μm，宽3.5~4.0 μm。具壳缝面壳缝沿着轴区呈线形，近壳末端和远壳缝末端无偏转；中轴区窄线形；中央区较小，近圆形。无壳缝面中轴区较窄，线形，在中部略膨大。线纹单排，近似平行排列，线纹在光镜下不清晰。

分布：杞麓湖

6. *Achnanthidium minutissimum* (Kützing) Czarnecki　图版37：18-30

Antoniades et al., 2008, p. 20-21, Figs. 9：14-21, 86：1-3.

壳面线状披针形，末端无明显缢缩，略延长呈头状，壳面沿着纵轴几乎对称。长 9.5~18.0 μm，宽2.5~4.0 μm。具壳缝面壳缝较直，近壳缝末端和远壳缝末端均较直；中轴区线形；中央区略膨大近圆形；线纹放射排列，10 μm 内线纹有 24~26 条。无壳缝面中轴区较窄；线纹在光镜下不清晰。

分布：异龙湖，杞麓湖，阳宗海

7. *Achnanthidium ovatum* Watanabe & Tuji　图版37：31

Watanabe et al., 2008, p. 34, Figs. 2-25.

壳面线状披针形，末端近圆形，壳面沿着纵轴对称。长8.5~10.5 μm，宽2.5~3.5 μm。具壳缝面壳缝沿着中轴区较直，近缝端和远缝端均较直，无明显偏转。线纹放射排列，10 μm 内线纹有 24~28 条。

分布：抚仙湖

8. *Achnanthidium daui* Foged　图版38：1-11

Krammer & Lange-Bertalot, 2004, p. 47, Fig. 38：13-24, 30-32.

壳面线形，中部略微膨大，末端头状至宽圆，壳面沿纵轴几乎对称。长7.5~14.0 μm，宽4.0~5.0 μm。具壳缝面壳缝较直，近壳缝末端稍膨大，远壳缝末端较直，无偏转。中轴区窄线形；中央区较小；线纹近平行排列，10 μm 内线纹有 15~17 条。无壳缝面中轴区略窄，呈直线，在中部略膨大；10 μm 内线纹有 16~17 条。

分布：抚仙湖

9. *Achnanthidium rosenstockii* (Lange-Bertalot)　图版38：12-20

Lange-Bertalot & Krammer, 1989, p. 131-132, Figs. 15：1, 61：1-17.

壳面线形，中部膨大，末端呈宽圆状，壳面沿着纵轴对称。长9.5~13.5 μm，宽4.0~5.0 μm。具壳缝面壳缝较直，近缝端和远缝端均较直；中轴区窄线形；中央区较小；线纹呈放射状排列，10 μm 内线纹有 16~18 条。无壳缝面中轴区中等宽度，线形；中央区不明显；10 μm 内线纹有 20~28 条。

分布：抚仙湖

卡氏藻属 *Karayevia* Round & Bukhtiyarova 1998

壳面呈近菱形或宽披针形，末端呈近头状或宽圆形，壳面几乎对称。具壳缝面，壳缝呈直线形，中轴区狭窄，中央区近菱形或不明显。无壳缝面，线纹较粗，呈轻微辐射状排列或近平行排列。

1. *Karayevia clevei* (Grunow) Round　图版39：1-8

Bey & Ector，2013，p. 145，Figs. 1-36.

壳面近宽披针形，末端近头状，壳面沿纵轴几乎对称。长13.5～19.0 μm，宽5.5～7.0 μm。具壳缝面，壳缝直线形，近壳缝末端略膨大，远壳缝末端中央近喙状；中轴区狭窄，朝向末端逐渐变窄，中央区近菱形；线纹在中央区呈放射状排列，10 μm内线纹有14～15条。无壳缝面，线纹较粗，近平行排列，10 μm内线纹有15～18条，点纹清晰。

分布：洱海，抚仙湖，泸沽湖，杞麓湖

2. *Karayevia laterostrata* (Hustedt) Round & Bukhtiyarova　图版39：9-10

Siver et al.，2005，p. 110，Fig. 23：19-24.

壳面近宽披针形，末端呈宽圆形，壳面几乎对称。长12.0～13.0 μm，宽6.0～6.5 μm。具壳缝面，壳缝直线形，中轴区狭窄，线纹放射排列，中央区线纹长短不一，10 μm内线纹有17～18条。无壳缝面，线纹较粗，朝向中央区呈轻微放射状排列，10 μm内线纹有16～18条。

分布：异龙湖

附萍藻属 *Lemnicola* Round & Basson 1997

壳面呈椭圆形或近披针形，末端呈钝圆形或喙状。具壳缝面，壳面不对称，壳缝直线形，中轴区狭窄，中央区较宽且有明显的无线纹区。无壳缝面，中央区线纹排列不规则。两壳面线纹呈近平行排列或轻微放射状排列

1. *Lemnicola hungarica* (Grunow) Round & Basson　图版40：1-26

Round & Basson，1997，p. 77，Figs. 4-7，26-31.

壳面线形–长椭圆形，末端呈钝圆形–喙状，壳面明显不对称。长14.0～42.5 μm，宽6.0～8.5 μm。具壳缝面，壳缝直线形，近壳缝末端略微膨大，远壳缝末端呈弯，两端朝向不同方向偏转，中轴区狭窄，直线形；中部有明显的无线纹区，宽度不一，较宽的一侧似"马蹄形"凹陷，线纹近平行排列，10 μm内线纹有20～22条。无壳缝面，线纹近平行排列，末端线纹呈轻微辐射状排列，中央区线纹排列不规则，10 μm内线纹有21～22条。

分布：滇池，洱海，异龙湖，杞麓湖，星云湖

平面藻属 *Planothidium* Round & Bukhtiyarova 1996

壳体异面，壳面呈椭圆形至披针形，末端呈圆形至近头状。具壳缝面壳面几乎对称，壳缝通常直线形，中轴区狭窄，中央区呈圆形至矩形。无壳缝面一侧具有似"马蹄形"的无纹区。线纹呈辐射状排列或近平行排列。

1. *Planothidium cryptolanceolatum* Jahn & Abarca　图版41：1-7

Jahn et al.，2017，p. 100，Figs. 59-75.

壳面近椭圆形–披针形，末端呈宽圆形。长16.5～21.5 μm，宽6.5～8.0 μm。具壳缝面，壳面几乎对称，壳缝直线形，近壳缝末端轻微膨大；中轴区较窄，中央区小；线纹较粗，近平行排列，10 μm内线纹有11～12条。无壳缝面，一侧具有似"马蹄形"的无纹

区，约占壳面宽度 1/2；其余部分线纹较粗，近平行排列，10 μm 内线纹有 11~12 条。

分布：杞麓湖

2. *Planothidium ellipticum* (Cleve) Round & Bukhtiyarova 图版 41：8-14

Cleve, 1891, p. 51, Fig. 3：10-11；黄成彦等, 1998, p. 24, Fig. 48：1-8.

壳面近椭圆形–披针形，末端呈宽圆形。长 14.5~18.5 μm，宽 7.0~8.0 μm。具壳缝面，壳面上下几乎对称，壳缝呈弧形，近壳缝末端轻微膨大；中轴区窄，中央区小；线纹朝向中央区呈放射状排列，中央区线纹排列稀疏，10 μm 内线纹有 13~17 条。无壳缝面，一侧具有似马蹄形的无纹区，约占壳面宽度 1/2；其余部分呈轻微放射状排列，10 μm 内线纹有 16~17 条。

分布：洱海，抚仙湖，异龙湖，杞麓湖，星云湖

3. *Planothidium frequentissimum* (Lange-Bertalot) Lange-Bertalot 图版 41：15-20

Bey & Ector, 2013, p. 159, Figs. 1-26.

壳面近椭圆形–披针形，末端呈宽圆形–近头状。长 12.5~25.0 μm，宽 5.5~7.5 μm。具壳缝面，壳面几乎对称，壳缝直线形，近壳缝末端略膨大；中轴区朝向末端略微变窄，中央区近矩形；线纹较粗，近平行排列，10 μm 内线纹有 13~14 条。无壳缝面，一侧具有似马蹄形的无纹区，约占壳面宽度 1/2；其余部分线纹较粗，近平行排列，10 μm 内线纹有 13~16 条。

分布：杞麓湖，阳宗海

4. *Planothidium incuriatum* Wetzel, van de Vijver & Ector 图版 41：21-28

Wetzel et al., 2013, p. 40-51, Figs. 19-36, 51-89.

壳面近椭圆形–披针形，末端呈钝圆形。长 10.5~21.0 μm，宽 4.5~7.0 μm。具壳缝面，壳面不对称，壳缝直线形，近壳缝末端略膨大；中轴区狭窄，中央区近矩形；线纹较粗，近平行排列，中央区线纹较短，10 μm 内线纹有 14~15 条。无壳缝面，一侧具有似马蹄形的无纹区，约占壳面宽度 1/2；其余部分线纹近平行排列，10 μm 内线纹有 12~15 条。

分布：洱海，星云湖

片状藻属 *Platessa* Lange-Bertalot 2004

壳体异面，壳面通常呈线形、椭圆形或披针形，末端呈宽圆形或近头状。具壳缝面，壳面几乎对称，壳缝直线形，中轴区狭窄，中央区近矩形或椭圆形，线纹通常呈辐射状排列。无壳缝面，中轴区呈线形至披针形，短线纹沿壳缘辐射状排列。

1. *Platessa holsatica* (Hustedt) Lange-Bertalot 图版 42：1-6

Krammer & Lange-Bertalot, 2004, p. 445, Fig. 15：29-36.

壳面椭圆形，末端呈钝圆形–宽圆形。长 8.5~11.0 μm，宽 5.5~7.0 μm。具壳缝面，壳面几乎对称，壳缝直线形；中轴区狭窄，中央区近矩形；线纹朝中间放射减弱，中央区线纹排列稀疏，10 μm 内线纹有 16~18 条。无壳缝面，中轴区宽，呈披针形，约占壳面 2/3；短线纹沿壳缘放射状排列，10 μm 内线纹有 18~20 条。

分布：异龙湖

2. *Platessa ziegleri*（Lange-Bertalot）Krammer & Lange-Bertalot　图版42：7-11

Lange-Bertalot，1993，p. 8，Fig. 35：4-7.

壳面近椭圆形-披针形，末端呈宽圆形-近头状。长10.0~14.0 μm，宽6.0~7.0 μm。具壳缝面，壳面几乎对称，壳缝直线形；中轴区窄，中央区小；线纹在中部近平行排列，朝向末端放射状排列，10 μm内线纹有18~19条。无壳缝面，中轴区窄，线形；线纹朝向两端放射排列，10 μm内线纹有18~20条。

分布：异龙湖

罗氏藻属 *Rossithidium* Round & Bukhtiyarova 1996

壳体小，壳面呈线形、椭圆形或披针形，末端通常呈圆形。具壳缝面，壳缝直线形，中央区小。无壳缝面，中轴区狭窄。两壳面的线纹朝向中央区呈辐射状排列，末端近平行排列。

1. *Rossithidium pusillum*（Grunow）Round & Bukhtiyarova　图版42：12-15

Siver et al.，2005，p. 181-182，Figs. 23：42-43，25：2.

壳面椭圆形-披针形，末端呈圆形。长7.5~13.5 μm，宽3.0~4.5 μm。具壳缝面，壳面不对称，壳缝直线形，近壳缝末端呈膨大形；中轴区窄，中央区小；线纹朝向中央区呈放射状排列，末端近平行排列，中央区线纹稀疏，10 μm内线纹有14~18条。无壳缝面，中轴区窄，线形；线纹朝向中央区呈放射状排列，末端近平行排列，10 μm内线纹有14~18条。

分布：异龙湖

2. *Rossithidium* sp.　图版42：16-19

壳面近椭圆形-披针形，末端呈圆形-宽圆形。长8.5~10.0 μm，宽4.0~4.5 μm。具壳缝面，壳面通常沿纵轴几乎对称，壳缝直线形，近壳缝末端轻微膨大；中轴区窄，中央区小，近矩形；线纹朝向中央区呈辐射状排列，在光镜下不清晰。无壳缝面，中轴区窄，线形；线纹在光镜下不清晰。

分布：异龙湖

卵形藻科（Cocconeidaceae）

卵形藻属 *Cocconeis* Ehrenberg 1837

壳面椭圆形，末端圆形或尖圆。具壳缝面壳缝较直，线纹呈辐射状密集排列，中央区较小；无壳缝面中轴区线形，中央区不明显。

1. *Cocconeis pediculus* Ehrenberg　图版43：1-28

Ehrenberg，1838a，p. 194，Fig. 21：11；Reavie & Smol，1998，p. 36，Fig. 13：10-17.

壳面宽椭圆形至近圆形，末端近宽圆形，壳面沿纵轴近乎对称。长16.0~36.0 μm，宽11.0~21.5 μm。具壳缝面壳缝较直，中轴区窄线形；中央区不规则。线纹由单列圆形点纹组成，在壳面中部近平行排列，在两端逐渐向外辐射弯曲。无壳缝面中轴区不明显，点纹长圆形组成，在两端线纹发生弯曲。10 μm内线纹有20~23条。

分布：洱海，异龙湖，杞麓湖，阳宗海

2. *Cocconeis placentula* Ehrenberg, Krammer & Lange-Bertalot　图版 44：1-20

Campeau et al., 1999, p. 88, Fig. 10：14-15.

壳面线状椭圆形至椭圆形, 末端近圆形, 壳面沿纵轴对称。长 14.0 ~ 24.5 μm, 宽 8.0 ~ 16.0 μm。具壳缝面壳缝较直, 近缝端形和远缝端均较直。中轴区较窄; 中央区小。线纹由单列圆形点纹组成, 在中部近平行排列, 两端向外放射状弯曲, 沿壳缘具 1 圈无纹区。无壳缝面具狭窄的假壳缝, 线纹由单列长椭圆形点纹组成, 在中部近平行排列, 两端逐渐向外辐射弯曲。10 μm 内线纹有 19 ~ 22 条。

分布: 滇池, 洱海, 程海, 泸沽湖, 异龙湖, 杞麓湖, 星云湖, 阳宗海

3. *Cocconeis placentula* var. *klinoraphis* Geitler　图版 45：1-9

Geitler, 1927, p. 514, Figs. 2a-b, 12：1; Krammer & Lange-Bertalot, 2004, p. 87, Fig. 51-6-9.

壳面椭圆形, 末端略尖, 壳面沿纵轴对称。长 19.0 ~ 38.5 μm, 宽 14.0 ~ 26.0 μm。具壳缝面壳缝较直, 近壳缝末端略膨胀, 远壳缝末端呈直线形。中轴区窄线形; 中央区小圆形。线纹单排, 在中部近平行排列, 向两端逐渐辐射弯曲。无壳缝面具窄的假壳缝, 线纹在壳面中部近平行排列, 两端向外辐射弯曲。10 μm 内线纹有 20 ~ 24 条。

分布: 洱海

4. *Cocconeis placentula* var. *lineata* (Ehrenberg) Van Heurck　图版 46：1-14

Siver et al., 2005, p. 51, Figs. 4：1-6, 11-12, 73：6-7.

壳面长椭圆形, 末端近尖圆形, 壳面沿纵轴对称。长, 宽。具壳缝面壳缝较直, 近壳缝末端膨胀, 远壳缝末端直线形。中轴区窄线形; 中央区小圆形。线纹由单列小圆形点纹组成, 中部近平行排列, 在两端辐射弯曲, 10 μm 内线纹有 18 ~ 21 条。无壳缝面中轴区窄, 线纹由单列长圆形点纹组成, 从中部向两端逐渐弯曲, 10 μm 内线纹有 19 ~ 23 条。

分布: 滇池

5. *Cocconeis neodiminuta* Krammer　图版 45：10-11

Krammer, 1990, p. 151, Figs. 1, 2：8-20, 40-45.

壳面椭圆形, 末端近圆形, 壳面沿纵轴近乎对称。长 9.5 ~ 10.0 μm, 宽 6.5 ~ 7.5 μm。无壳缝面具较窄的假壳缝。线纹由单列圆形点纹组成, 近平行排列, 在两端呈辐射排列, 10 μm 内线纹有 12 ~ 18 条。

分布: 抚仙湖

6. *Cocconeis* sp.　图版 47：1-3

壳面宽椭圆形, 末端宽钝圆形, 壳面沿纵轴对称。长 32.5 ~ 39.0 μm, 宽 22.0 ~ 30.5 μm。具壳缝面壳缝较直, 近缝端和远缝端均呈直线形; 中轴区窄线形; 中央区小, 近菱形。线纹由单小圆形点纹组成, 近平行排列, 在两端呈辐射排列, 10 μm 内线纹有 20 ~ 23 条。

分布: 抚仙湖, 泸沽湖, 星云湖, 阳宗海

双壳缝目（Biraphinales）

桥弯藻科（Cymbellaceae）

双眉藻属 *Amphora* Ehrenberg ex Kützing 1844

壳面新月形、半月形、半椭圆形或披针形，强烈具背腹之分，末端圆形或钝圆形，或延长呈头状。壳缝位置靠近腹侧，线形，直向或弯曲。背侧线纹长而明显，略呈辐射状排列，腹侧线纹较短，有时不明显。

1. *Amphora copulata* (Kützing) Schoeman & Archibald　　图版 48：1-8

Schoeman & Archibald, 1986, p. 429, Figs. 11-13, 30-34; Levkov, 2009, p. 49, Figs. 46：13-23, 47：10-16, 59：1-13, 154：2, 157：5, 162：1-6.

壳面近弓形，有明显的背腹之分，背侧弓形，腹侧略凹入，两端尖圆。长 39.0~88.0 μm，宽 9.5~18.5 μm。壳缝略弯曲，靠近壳面腹侧，近壳缝末端弯向背侧，远壳缝末端弯向腹侧。中轴区窄线形；背侧中央区近圆形，被一排短线纹与腹侧中心区分隔开，腹侧中心区近长椭圆形。线纹在壳面中部近平行排列，向末端略汇聚，10 μm 内线纹有 8~12 条。

分布：洱海，抚仙湖，杞麓湖，星云湖。

2. *Amphora macedoniensis* Nagumo　　图版 49：1-8

Levkov, 2009, p. 77, Figs. 50：14-22, 164：2-3, 5-6.

壳面近弓形，具明显的背腹之分，背侧弓形弯曲，腹侧近平直或略凹入，两端尖圆。长 26.5~39.0 μm，宽 5.5~8.0 μm。壳缝略弯曲，靠近壳面腹侧，近缝端向背侧偏转。中轴区窄线形；背侧中央区近圆形，不延伸到壳面边缘，腹侧中心区近长矩形。线纹呈放射状排列，10 μm 内线纹有 13~16 条。

分布：阳宗海。

3. *Amphora ovalis* (Kützing) Kützing　　图版 50：1-6

Kützing, 1844, p. 107, Fig. 5：35, 39; Levkov, 2009, p. 96, Figs. 1：1-5, 2：1-6, 121：1-5.

壳面半月形，具明显的背腹之分，背侧弓弧形，腹侧略凹入，两端近圆形，两侧不对称。长 30.5~76.5 μm，宽 8.5~16.5 μm。壳缝略弯曲，靠近壳面腹侧，近缝端向背侧弯曲。中轴区较窄；背侧中央区缺失或为一凹陷区，腹侧中心区延伸到壳面边缘。线纹呈放射状排列，10 μm 内线纹有 10~11 条。

分布：抚仙湖。

4. *Amphora pediculus* (Kützing) Grunow　　图版 50：7-13

Levkov, 2009, p. 101, Figs. 55：31-34, 78：40-47, 152：4, 170：3, 191：1-5, 195：4; 施之新, 2017, p. 28, Figs. 9：5, 43：8.

壳面半椭圆形，具明显背腹之分，背侧呈弓形，腹侧几乎平直，有时中部膨大凸出，两端呈尖圆，两侧不对称。长 11.5~14.5 μm，宽 2.5~3.5 μm。壳缝略微弯曲，靠近壳面腹侧，近缝端较直，远缝端偏向背侧。中轴区窄线形；中央区近横矩形，延伸到壳面边缘。线纹平行或略放射状排列，10 μm 内线纹有 17~22 条。

分布：泸沽湖，星云湖

5. *Amphora pseudominutissima* Levkov　图版 50：14-17

Levkov, 2009, p. 108-109, Figs. 35：7-18, 175：1-5, 196：2.

壳面弓形，具明显背腹之分，背侧呈弓形，腹侧凹入，在中部略微膨大，两端尖圆形。长 15.0~19.0 μm，宽 3.5~4.0 μm。壳缝略弯曲，靠近壳面腹侧，近缝端向背侧偏转。中轴区窄线形；背侧中央区不明显，腹侧中央区近长矩形。线纹在壳面中部近平行排列，向末端呈辐射排列，10 μm 内线纹有 15~19 条。

分布：泸沽湖

6. *Amphora* sp.　图版 50：18-20

壳面近弓形，有明显的背腹之分，背侧呈弓形弯曲，腹侧略凹入，在中部略凸出，两端尖圆。长 29.5~33.0 μm，宽 5.5~6.0 μm。壳缝略弯曲，靠近壳面腹侧，近壳缝末端和远壳缝末端均弯向背侧。中轴区窄；中央区两侧不对称，在背侧不明显，在腹侧近椭圆形。线纹在背侧呈放射状排列，10 μm 内线纹有 16~17 条。

分布：洱海，抚仙湖

海双眉藻属 *Halamphora*（Cleve）Levkov 2009

壳面呈新月形、弓形或半月形，末端呈头状、小头状或尖圆形，有明显的背腹之分，壳面多为上下对称。壳缝略弯曲，多呈弧形。线纹较短，多呈放射状排列，中央区线纹排列更稀疏。

1. *Halamphora montana*（Krasske）Levkov　图版 51：1-5

Levkov, 2009, p. 207, Figs. 93：10-19, 26-45, 213：1-6.

壳面新月形，末端呈头状，两端朝向腹侧偏转，背侧略微弯曲，腹侧近直线形，壳面上下对称。长 13.5~18.5 μm，宽 3.5~4.0 μm。壳缝弧形，近壳缝末端向背侧弯曲，远壳缝末端中央呈喙状。中部有明显的无线纹区，线纹在光镜下不清晰。

分布：洱海，杞麓湖，星云湖

2. *Halamphora veneta*（Kützing）Levkov　图版 51：6-15；图版 52：1-8

Levkov, 2009, p. 242, Figs. 94：9-19, 102：17-30, 217：1-5, 218：1-5.

壳面新月形，末端呈尖圆-小头状，背侧略微弯曲，腹侧略微波形，壳面上下对称。长 9.0~34.5 μm，宽 4.0~6.0 μm。壳缝略弯曲，近壳缝末端略微膨大，向背侧轻微弯曲，远壳缝末端中央呈喙状。中央区线纹排列稀疏，点纹间距大，10 μm 内线纹有 20~21 条。

分布：异龙湖，星云湖

桥弯藻属 *Cymbella* Agardh 1830

壳面新月形或弓形，明显具背腹之分。壳缝偏腹侧位，近壳缝末端呈侧翻状，端部膨胀弯向腹侧，远壳缝末端多呈线形。线纹由单列点纹组成，呈辐射排列。有的种类在中央区腹侧具 1 个至多个孤点。

1. *Cymbella asiatica* Metzeltin, Lange-Bertalot & Li　图版 53：1-2

Metzeltin et al., 2009, p. 25, Figs. 118：1-3, 119：1-4, 120：1-6, 212：7.

壳面具背腹之分，近弓形；背侧弯曲；腹侧略凹入，在两侧中部均膨胀凸出；末端呈圆形。长 89.5~101 μm，宽 13.5~15 μm。壳缝位置偏向背侧，略弯曲；近壳缝末端呈侧翻状。中轴区中等宽度，线形，向两侧略变窄；中央区近椭圆形，约占壳面宽度的 1/2。线纹在中部放射状排列，向两端逐渐平行，10 μm 内线纹有 8~11 条。

分布：异龙湖

2. *Cymbella excisa* Kützing　图版 53：3-4

Kützing, 1844, p. 80, Fig. 6：17；Krammer, 2002, p. 26, Figs. 8：1-26, 9：1-25, 10：1-18, 12：6-7.

壳面明显具背腹之分，椭圆状披针形；背侧明显弯曲呈弓形；腹侧略弓形或近平直，在末端略凹入；末端延长呈头状。长 26.0~36.0 μm，宽 8.5~9.0 μm。壳缝略偏近腹侧；近壳缝末端略呈侧翻状；远壳缝末端线形。中轴区较窄，呈线形；中央区不明显。线纹呈放射状排列，向末端放射程度增强，10 μm 内线纹有 10~13 条。在腹侧明显具 1 个孤点。

分布：泸沽湖

3. *Cymbella excisa* var. *procera* Krammer　图版 53：5-9

Krammer, 2002, p. 28, Figs. 9：1-7, 10：10-13, 12：7.

壳面明显具背腹之分，椭圆状披针形；背侧明显弯曲呈弓形；腹侧略弓形或近平直；末端头状。长 22.0~27.0 μm，宽 7.5~8.0 μm。壳缝略偏近腹侧，略弯曲；近壳缝末端略呈侧翻状；远壳缝末端线形。中轴区较窄，呈线形；中央区不明显。线纹在中部近平行排列，向末端放射状排列，10 μm 内线纹有 11~15 条。在腹侧明显具 1 个孤点。

分布：滇池

4. *Cymbella hantzschiana* Krammer　图版 53：10-12

Krammer, 2002, p. 47, Figs. 27：8-14, 28：1-19, 29：1-12, 30：9-14；施之新, 2017, p. 107, Fig. 29.

壳面明显具背腹之分，披针形；背侧强烈弯曲呈弓形；腹侧近平直或略凹弧形，但在中部略膨胀；末端圆形。长 27.0~61.5 μm，宽 8.0~11.5 μm。壳缝略偏位于腹侧，略弯曲；近壳缝末端明显呈侧翻状；远壳缝末端线形，弯向背侧。中轴区较窄，呈线形；中央区不明显。线纹略呈放射状排列，10 μm 内线纹有 10~13 条。

分布：星云湖

5. *Cymbella cymbiformis* Agardh　图版 54：1-13

Krammer, 2002, p. 76, Figs. 34：8, 58：1-7, 59：1-8, 60：1-6, 61：1-10, 62：1-3, 63：1-6, 64：1-9, 65：1-8, 69：10-11, 181：7；施之新, 2017, p. 118, Figs. 33：4, 42：9.

壳面具背腹之分，弯月状披针形；背侧弯曲呈弓形；腹侧近平直，在中部略膨胀凸出；末端呈尖圆或圆形。长 33.5~49.0 μm，宽 8.5~10.0 μm。壳缝位于壳面的中部或偏腹侧，略弯曲；近壳缝末端明显呈侧翻状，端部中央孔膨大；远壳缝末端线形。中轴区中等宽度，呈线形；中央区不明显。线纹近平行排列，在末端汇聚，10 μm 内线纹有 9~12 条。腹侧中央区常具 1 个孤点。

分布：滇池，抚仙湖

6. *Cymbella fuxianensis* Li　图版 55：1-5

Gong & Li, 2011, p. 552, Figs. 1-11.

壳面明显具背腹之分，弯月形；背侧明显弯曲呈弓形；腹侧略凹入，在中部膨胀凸出；末端呈尖圆形。长 86.5~164.5 μm，宽 22.5~26.0 μm。壳缝几乎位于中部或略偏近腹侧，弯曲状；近壳缝末端直线形；远壳缝末端线形。中轴区窄，呈线形，弯曲；中央区较小，长矩形。线纹较密，略放射状排列，10 μm 内线纹有 13~15 条。

分布：抚仙湖

7. *Cymbella hustedt* var. *crassipunctata* Lange-Bertalot & Krammer　图版 56：1-16

Krammer, 2002, p. 138, 173, Fig. 160：21-27.

壳面适度地具背腹之分，披针形；背侧弯曲呈弓形，腹侧近平直，中部略凸出，两端呈圆形。长 14.5~37.5 μm，宽 5.5~8.5 μm。壳缝位置偏腹侧，略弯曲；近壳缝末端线形，弯向腹侧；远壳缝末端弯向腹侧。中轴区较窄，线状披针形；中央区不明显。线纹在中部近平行排列，向两端逐渐呈放射状，10 μm 内线纹有 10~16 条。

分布：阳宗海

8. *Cymbella lanceolata* (Agardh) Agardh　图版 57：1-4

Krammer & Lange-Bertalot, 2004, p. 704-705, Fig. 131：2, 2a, 2b.

壳面明显具背腹之分，弓形；背侧弯曲呈弓形；腹侧近平直或略凹弧形，有时在中部略膨胀；末端呈圆形。长 128.5~177.0 μm，宽 23.0~26.0 μm。壳缝略偏位于腹侧，略弯曲；近壳缝末端呈侧翻状；远壳缝末端线形。中轴区较窄，呈线形；中央区不明显。线纹在中部近平行排列，向两端略呈放射状排列，10 μm 内线纹有 9~12 条。

分布：抚仙湖

9. *Cymbella kolbei* Hustedt　图版 57：5-9

Hustedt, 1949a, p. 46, Fig. 1：20-26; Krammer, 2002, p. 33, Figs. 14：8-28, 31：8-9.

壳面明显具背腹之分，弓形；背侧弯曲呈弓形；腹侧近平直或略凹弧形，有时在中部略膨胀；末端呈圆形。长 23.0~34.0 μm，宽 7.0~10.0 μm。壳缝略偏位于腹侧，略弯曲；近壳缝末端呈侧翻状；远壳缝末端线形。中轴区较窄，呈线形；中央区不明显。线纹在中部近平行排列，向两端略呈放射状排列，10 μm 内线纹有 9~12 条。

分布：滇池，程海，星云湖

10. *Cymbella neocistula* Krammer　图版 58：1-5

Krammer, 2002, p. 49, Figs. 85：1-4, 86：1-7, 87：1-9, 88：1-8, 90：1-8, 91：1-6, 92：1-3.

壳面强烈地具背腹之分，弯月形；背侧明显地呈弓形弯曲；腹侧近平直或略凹入，在中部膨胀凸出；末端呈圆形。长 46.0~80.0 μm，宽 13.5~17.0 μm。壳缝位于壳面中部或略偏位于腹侧，弯曲状；近壳缝末端略呈侧翻状，端部呈圆形或偏向腹侧；远壳缝末端线形。中轴区较窄，呈线形；中央区较小，近圆形。线纹呈放射排列，10 μm 内线纹有 8～11 条。在腹侧具 2～3 个孤点。

分布：异龙湖，星云湖

11. Cymbella metzeltinii Krammer　图版 58：6-8

Krammer, 2002, p. 69, Fig. 49：6-11.

壳面明显地具背腹之分，弯月形；背侧强烈弯曲呈弓形；腹侧近平直，在中部膨胀；末端呈钝圆形。长 35.5～37.5 μm，宽 11.5～12.5 μm。壳缝略偏位于腹侧，弯曲；近壳缝末端呈侧翻状，端部偏向腹侧；远壳缝末端线形，弯向腹侧。中轴区较窄，呈线形；中央区较小，椭圆形。线纹在中部近平行排列，向两端呈放射状排列，10 μm 内线纹有 12～14 条。

分布：杞麓湖

12. Cymbella neocistula var. lunata Krammer　图版 59：1-5

Krammer, 2002, p. 94, 169, Figs. 85：1-4, 86：1-7, 87：1-9, 88：1-8, 90：1-8, 91：1-6, 92：1-3；施之新，2017, p. 131, Figs. 37：9, 43：10.

壳面强烈地具背腹之分，新月形；背侧明显地呈弓形弯曲；腹侧略凹入，在中部膨胀凸出；末端呈圆形。长 81.5～103.0 μm，宽 19.0～22.0 μm。壳缝位于壳面中部或略偏位于腹侧；近壳缝末端略呈侧翻状，端部呈圆形或偏向腹侧；远壳缝末端线形。中轴区较窄；中央区较小。线纹呈放射状排列，10 μm 内线纹有 6～9 条。在腹侧具 1～5 个孤点。

分布：滇池

13. Cymbella percymbiformis Krammer　图版 60：1-21

Krammer, 2002, p. 75, 167, Figs. 56：1-7, 57：1-9.

壳面明显具背腹之分，弯月状披针形；背侧呈弓形弯曲；腹侧略凹入，在中部膨胀凸出；末端呈尖圆形。长 53.0～82.5 μm，宽 13.0～14.5 μm。壳缝位于壳面中部或略偏位于腹侧，弯曲状；近壳缝末端呈侧翻状，端部呈圆形或偏向腹侧；远壳缝末端线形，弯向腹侧。中轴区较窄，呈线形；中央区不明显。线纹呈辐射排列，由圆形点纹组成，10 μm 内线纹有 8～12 条。在腹侧具 1～2 个孤点。

分布：滇池，杞麓湖

14. Cymbella simonsenii Krammer　图版 61：1-14

Krammer & Lange-Bertalot, 1985, p. 33-34, Fig. 7：1-9；Krammer, 2002, p. 85, Figs. 72：1-7, 73：7, 8.

壳面略具背腹之分，披针形；背侧略弯曲呈弓形；腹侧近平直略凹入，在中部略膨胀凸出；末端尖圆形。长 70.5～80.5 μm，宽 10.0～12.0 μm。壳缝几乎位于壳面中部；近壳缝末端呈侧翻状，端部呈圆形或偏向腹侧；远壳缝末端线形，弯向腹侧。中轴区中等宽度；中央区不明显。线纹在中部略呈放射状排列，向两端逐渐近平行状，10 μm 线纹内有 8～12 条。在腹侧具 1～3 个孤点。

分布：异龙湖，杞麓湖，阳宗海

15. Cymbella sinensis Krammer　图版 62：1-15

Krammer, 2002, p. 111, Fig. 121：1-8.

壳面具背腹之分，近半月形；背侧强烈弯曲呈弓形；腹侧近平直或略凹入，但在中部膨胀凸出；末端呈圆形。长 41.0~75.5 μm，宽 14.5~19.5 μm。壳缝几乎位于壳面的中部，略弯曲；近壳缝末端侧翻状；远壳缝末端呈直线。中轴区较窄，呈线形；中央区较小，近圆形。线纹放射状排列，10 μm 内线纹有 10~13 条。

分布：星云湖

16. *Cymbella subcistula* Krammer　　图版 63：1-12

Krammer, 2002, p. 93, Figs. 83：1-9, 84：1-9, 85：5-8；施之新, 2017, p. 129-130, Fig. 37：5-7.

壳面明显地具背腹之分；背侧明显呈弓形弯曲；腹侧略凹入，在中部呈凸出状（有时不明显）；末端呈尖圆形。长 41.0~63.0 μm，宽 12.0~15.0 μm。壳缝位置偏向腹侧，略弯曲；近壳缝末端呈侧翻状，端部直线或偏向同一侧；远壳缝末端较直。中轴区较窄，线形；中央区较小，椭圆形。线纹在中部近平行排列，向两端呈放射状排列，10 μm 内线纹有 8~13 条。

分布：程海

17. *Cymbella subleptoceros* Krammer　　图版 64：1-13

Krammer, 2002, p. 133, Figs. 154：2-17, 155：1-7, 161：12a-b.

壳面明显具背腹之分，宽披针形；背侧弯曲呈弓形或略凸；腹侧近平直，在中部膨胀凸出；末端尖圆或圆形。长 24.0~47.5 μm，宽 7.0~11.0 μm。壳缝几乎位于中部或略偏近腹侧；近壳缝末端侧翻状，略膨胀弯向腹侧；远壳缝末端线形。中轴区较宽，约占壳面宽度的 1/3 至 1/2，呈线形；中央区不明显。线纹近平行排列，在末端辐射状排列，10 μm 内线纹有 8~11 条。

分布：滇池，程海，泸沽湖，杞麓湖，星云湖

18. *Cymbella tropica* Krammer　　图版 65：1-10

Krammer, 2002, p. 61, 164, Fig. 44：1-10；施之新, 2012, p. 113, Fig. 32：1.

壳面明显具背腹之分，宽披针形；背侧呈弓形弯曲；腹侧略弯曲呈弓形；末端略呈亚喙状。长 31.0~49.0 μm，宽 10.0~12.5 μm。壳缝几乎位于中部或略偏近腹侧；近壳缝末端略呈侧翻状，端部略膨胀；远壳缝末端线形。中轴区较窄，呈线形；中央区不明显，略比轴区宽，近圆形。线纹放射状排列，10 μm 内线纹有 8~12 条。在腹侧中央区常具 1 个较大的孤点。

分布：异龙湖

19. *Cymbella tumida* (Brébisson) Van Heurck　　图版 66：1-18

Van Heurck, 1880, p. 64, Fig. 2：10；Krammer, 2002, p. 141, Figs. 162：1-8, 163：1-6, 164：1-8, 165：3-5, 166：3, 168：5-6.

壳面强烈具背腹之分；背侧明显弯曲呈弓形，常略呈波状，有时近平滑，腹侧近平直或略凹入，中部膨胀凸出；末端呈头状。长 42.0~90.5 μm，宽 15.0~20.0 μm。壳缝几乎位于中部或略偏近腹侧；近壳缝末端略直线形，端部略膨胀并弯向腹侧；远壳缝末端线形弯向背侧。中轴区较窄，呈弓形弯曲；中央区明显，呈菱形或圆形。线纹放射状排列，10 μm 内线纹有 8~10 条。在腹侧中央区常具 1 个孤点。

分布：洱海，星云湖

20. *Cymbella vulgata* Krammer　图版67：1-21

Krammer, 2002, p. 55, 163-164, Figs. 36：1-14, 37：16-21, 38：1-18, 39：1-7.

壳面具背腹之分，半披针形；背侧明显呈弓形弯曲；腹侧近平直或略凹入，中部膨胀凸出；末端尖圆或圆形。长 33.0~50.5 μm，宽 8.5~11.5 μm。壳缝几乎位于中部或略偏近腹侧；近壳缝末端略呈侧翻状；远壳缝末端线形。中轴区较窄，略弯曲，线形；中央区不明显。线纹呈放射状排列，10 μm 内线纹有 9~13 条。在腹侧中央区常具 1 个孤点。

分布：杞麓湖

21. *Cymbella xingyunnensis* Li & Gong　图版68：1-12

Hu et al., 2013, p. 364-365, Figs. 14-32.

壳面具强烈背腹之分，宽披针形；背侧明显弯曲，呈弓形；腹侧几乎平直或略凹入，在中部膨胀；末端呈尖圆形。长 29.5~66.5 μm，宽 10.5~15.5 μm。壳缝几乎位于中部或略偏近腹侧；近壳缝末端呈侧翻状；远壳缝末端线形。中轴区较窄，线形，略弯曲；中央区较小，近圆形。线纹呈放射状排列，10 μm 内线纹有 11~14 条。在腹侧中央区常具 1 个较大的孤点。

分布：滇池

22. *Cymbella* sp. 1　图版69：1

壳面具背腹之分，近弓形；背侧弯曲呈弓形，腹侧近平直，在中部略膨胀，两端呈宽圆形。长 102.5 μm，宽 23.5 μm。壳缝几乎位于壳面中部，略弯曲；近壳缝末端略膨胀，弯向腹侧；远壳缝末端线形。中轴区中等宽度，在中部略膨胀；中央区较小。线纹明显由点纹组成，呈辐射状排列，10 μm 内线纹有 7~10 条。

分布：异龙湖

23. *Cymbella* sp. 2　图版69：2-7

壳面具背腹之分，半椭圆形；背侧弯曲呈弓形；腹侧近平直，有时中部略膨胀；末端圆形。长 33.0~42.0 μm，宽 9.5~10.5 μm。壳缝几乎位于中部或略偏近腹侧；近壳缝末端呈侧翻状，端部略膨胀弯向腹侧；远壳缝末端线形。中轴区较窄，呈线形，弯曲。中央区不明显。线纹略辐射状排列，10 μm 内线纹有 8~12 条。在腹侧常具 2 个孤点。

分布：星云湖

弯肋藻属 *Cymbopleura* (Krammer) Krammer 1999

壳面披针形或椭圆状披针形，略具背腹之分，末端形状多样。壳缝常略偏向腹侧，近壳缝末端线形或呈侧翻状，端部或多或少膨胀。线纹由点列点纹组成，辐射状排列。不具孤点。

1. *Cymbopleura angustata* (Smith) Krammer　图版70：1-2

Krammer, 2003, p. 82, Figs. 102：1-14, 103：1-16, 104：1-6, 105：9-17b.

壳面略具或几乎不具背腹之分，较窄，披针形；背腹两侧均略呈弧形弯曲；两端缢缩呈喙状或小头状。长 31.5~36.0 μm，宽 7.0~7.5 μm。壳缝几乎位于中部或略偏近腹侧；近壳缝末端略呈侧翻状；远壳缝末端线形。中轴区较窄，线形；中央区近圆形。线纹呈放射状排列，向两端放射加强，10 μm 内线纹有 15~16 条。

分布：星云湖

2. Cymbopleura frequens Krammer　图版 70：3-5

Krammer, 2003, p. 66, 158, Figs. 91：19-23, 92：1-22, 96：1-5, 10-11.

壳面略具背腹之分，宽披针形；背腹两侧均较明显地弓形弯曲，背侧弯曲程度明显大于腹侧；两端略缢缩呈喙状。长 15.0~35.5 μm，宽 8.5~9.0 μm。壳缝略偏近腹侧；近壳缝末端略膨胀弯向腹侧；远壳缝末端线形。中轴区较窄，向两端逐渐变窄；中央区明显，约占壳面宽度的 1/3。线纹呈放射状排列，向两端放射渐强，10 μm 内线纹有 10~14 条。

分布：星云湖

3. Cymbopleura inaequalis (Ehrenberg) Krammer　图版 70：6-8

Krammer, 2003, p. 25, Figs. 29：1-9, 31：1a, 2-8, 33：1-2, 34：1-3；施之新, 2017, p. 88, Figs. 24：1, 41：10.

壳面略具背腹之分，椭圆形；背腹两侧均较明显的弓形弯曲，但背侧的弯曲程度略大于腹侧；两端延长，末端略喙状或亚头状。长 72.5~87.0 μm，宽 25.5~26.5 μm。壳缝几乎位于中部或略偏近腹侧，向两端变细；近壳缝末端略膨胀呈珠状；远壳缝末端呈线形略偏向腹侧。中轴区略宽，向两端渐窄；中央区明显，近圆形或椭圆形，约占壳面宽度的 1/4 至 1/3。线纹呈放射状排列，10 μm 内线纹有 6~10 条。

分布：异龙湖

4. Cymbopleura lata (Grunow & Cleve) Krammer　图版 71：1-13

Krammer, 2003, p. 20, Figs. 20：1-7, 21：1-6, 22：1-8.

壳面略具背腹之分，椭圆状披针形；背侧明显弯曲呈弓形；腹侧略弯曲近弓形；两端轻微缢缩或无明显缢缩，末端喙状或圆形。长 36.0~69.0 μm，宽 14.5~20.0 μm。壳缝几乎位于中部或略偏腹侧；近壳缝末端略侧翻状，端部膨胀呈珠状；远壳缝末端呈线形。中轴区略宽，向中部渐宽；中央区近圆形或椭圆形。线纹呈放射状排列，10 μm 内线纹有 7~11 条。

分布：抚仙湖，异龙湖，杞麓湖，星云湖

5. Cymbopleura lata var. truncata Krammer　图版 72：1-5

Krammer, 2003, p. 21, Figs. 20：4-8, 23：6-7, 24：4-6.

壳面略具背腹之分，线状椭圆形；背侧和腹侧均近弓形弯曲，背侧的弯曲程度略大于腹侧；两端延长，末端呈喙状。长 58.0~87.0 μm，宽 18.0~25.5 μm。壳缝几乎位于中部或略偏近腹侧；近壳缝末端膨胀呈珠状；远壳缝末端线形。中轴区略宽，线形；中央区明显，近圆形或椭圆形，约占壳面宽度的 1/4。线纹由点纹组成，呈放射状排列，10 μm 内线纹有 8~11 条。

分布：杞麓湖

6. Cymbopleura lata var. amerricana Krammer　图版 73：1-2

Krammer, 2003, p. 22, Fig. 22：1-7.

壳面几乎没有或略具背腹之分，近椭圆形；背侧和腹侧均弯曲近弓形，背侧的弯曲度略大于腹侧；末端呈圆形。长 62.5~69.5 μm，宽 26.5~29.0 μm。壳缝几乎位于中部或略偏向腹侧；近壳缝末端膨胀呈珠状；远壳缝末端线形。中轴区较窄，向中部渐宽；中央区明显，近圆形。线纹由点纹组成，在背侧中部点纹不连续，线纹呈放射状排列，10 μm 内线纹有 7~10 条。

分布：杞麓湖，星云湖

7. *Cymbopleura peranglica* Krammer　图版 73：3-4

Krammer, 2003, p. 61, Fig. 84：1-4.

壳面略具背腹之分，椭圆状披针形；背侧明显呈弓形弯曲；腹侧略弯曲，近弓形，但背侧弯曲程度明显大于腹侧；两端略缢缩延长，末端呈喙状。长 34.0~36.0 μm，宽 10.0~10.5 μm。壳缝几乎位于中部；近壳缝末端膨胀呈珠状，弯向腹侧；远壳缝末端线形。中轴区略窄，线形；中央区较小，近圆形或椭圆形。线纹呈放射状排列，10 μm 内线纹有 10~15 条。

分布：滇池

8. *Cymbopleura subcuspidata* (Krammer) Krammer　图版 73：5

Krammer, 2003, p. 15, Figs. 14：1-6, 15：1-9, 16：1-6, 17：1-5, 18：1-7.

壳面稍具背腹之分，椭圆状披针形；背侧呈弓形弯曲；腹侧弯曲度较弱，近弓形，背侧的弯曲程度明显大于腹侧；两端缢缩延长，末端呈喙状。长 69.5 μm，宽 21.5 μm。壳缝略偏向腹侧；近壳缝末端形状似"?"；远壳缝末端线形。中轴区略宽，向两端逐渐变窄；中央区明显，近椭圆形，约占壳面宽度的 1/3。线纹明显由点纹组成，呈放射状排列，10 μm 内线纹有 13~18 条。

分布：抚仙湖

假桥弯藻属 *Cymbellafalsa* Lange-Bertalot & Metzeltin 2009

壳面线形披针形，略具背腹之分，末端延长呈头状。壳缝较直，几乎位于壳面中部，近壳缝末端略膨大，远壳缝末端略弯向背侧。中轴区披针形，中央区近圆形。线纹呈放射状排列。

1. *Cymbellafalsa diluviana* (Krasske) Lange-Bertalot & Metzeltin　图版 74：1-24

Metzeltin et al., 2009, p. 28, Figs. 56：1-24, 266：3-5.

壳面线状披针形、椭圆披针形或椭圆形，两端略缢缩，末端呈钝圆形，壳面几乎对称。长 18.5~31.0 μm，宽 6.5~8.0 μm 壳缝较直，位于壳面中部，近壳缝末端弯向同一方向，远壳缝末端向同侧呈钩状。中轴区中等宽度，线形，中央区近圆形。线纹呈放射状排列，10 μm 内线纹有 9~13 条。

分布：洱海

优美藻属 *Delicata* Krammer 2003

壳面披针形、半披针形或椭圆披针形，略具背腹之分，末端宽圆或圆形。壳缝位于壳面中部，近壳缝末端呈侧翻状，且弯向腹侧，远壳缝末端弯向背侧。中轴区较窄，在中部变宽，中央区不明显或略扩大。线纹辐射状排列。不具孤点。

1. *Delicata verenae* Lange-Bertalot & Krammer　图版 75：1-10

Krammer, 2003, p. 121, Fig. 137：1-9.

壳面略具背腹之分，呈披针形，背侧略弯曲呈弓形，腹侧几乎平直在中部略膨胀，向两端逐渐变窄，末端尖圆形。长 22.0～38.5 μm，宽 5.5～7.0 μm。壳缝弯曲，近壳缝末端侧翻，弯向腹侧，远壳缝末端较直。中轴区中等宽度，在中央区略宽；中央区不明显。线纹几乎平行排列，10 μm 内线纹有 13～19 条。

分布：滇池，阳宗海

内丝藻属 *Encyonema* Kützing 1833

壳面半椭圆形、半月形或半披针形，强烈具背腹之分，背侧呈弓形弯曲，腹侧通常近平直。壳缝位置靠近腹侧，近壳缝末端弯向背侧，远壳缝末端弯向腹侧。孤点缺失，少数在中央区背侧具 1 个孤点。线纹由点列点纹组成，呈辐射排列。

1. *Encyonema auerswaldii* Rabenhorst　图版 76：1-9

Rabenhorst, 1853, p. 24, Fig. 7：2；Krammer, 1997b, p. 316, Figs. 68：6-14.

壳面明显地具背腹之分，半椭圆形性或半圆形；背侧强烈地弯曲呈弓形；腹侧略弓形弯曲；末端呈尖圆形或圆形。长 18.5～31.0 μm，宽 9.5～13.5 μm。壳缝偏近腹侧；近壳缝末端略弯向背侧；远壳缝末端较直。中轴区窄，在中部略宽；中央区较小，近椭圆形。线纹由点纹组成，呈放射状排列，10 μm 内线纹有 11～13 条。

分布：程海，泸沽湖，星云湖

2. *Encyonema cespitosum* Kützing　图版 77：1-10

施之新，2017, p. 68, Figs. 18：1-2, 4-6, 40：13-14.

壳面强烈地具背腹之分，半椭圆形；背侧明显呈弓形弯曲，腹侧略弯曲呈弓形，在中部膨胀凸出；腹侧轻微缢缩呈亚头状。长 33.5～37.5 μm，宽 13.0～14.0 μm。壳缝偏近腹侧，较直；近壳缝末端略弯向背侧；远壳缝末端较直。中轴区窄，线形；中央区较小，近长矩形。线纹略呈放射状排列，10 μm 内线纹有 9～13 条。

分布：星云湖，阳宗海

3. *Encyonema prostratum* (Berkely) Kützing　图版 78：1-3

Kützing, 1844, p. 82, Fig. 25：7；Wojtal, 2013, p. 90, Fig. 48：1-7.

壳面具有强烈的腹之分，两端延长呈喙状，长 17.5 μm，宽 6.2 μm。中轴区窄，中央区椭圆形，线纹内有小矩形点纹，10 μm 内横线纹有 7 条。

分布：抚仙湖

4. *Encyonema caronianum* Krammer　图版 78：4-5

Krammer, 1997b, p. 189, Fig. 131：11-16.

壳面明显具背腹之分，线状披针形；背侧呈弓形弯曲，腹侧近乎平直；末端呈尖圆形。长 47～54.5 μm，宽 16.5～18.5 μm。壳缝偏近腹侧；近壳缝末端略偏向背侧；远壳缝末端较直。中轴区窄，线形；中央区不明显。线纹呈放射状排列，10 μm 内线纹有 9～13 条。

分布：星云湖

5. *Encyonema lancettulum* Krammer   图版 78: 6-9, 12-14

Krammer, 1997a, p. 160, Fig. 21: 9-15.

壳面明显具背腹之分, 半椭圆形; 背侧强烈弯曲呈弓形, 腹侧近乎平直或略呈弓形弯曲; 末端呈圆形。长 18.0~36.0 μm, 宽 5.5~7.0 μm。壳缝偏近腹侧一侧, 较直; 近壳缝末端偏向背侧; 远壳缝末端直线。中轴区较窄, 线形; 中央区不明显。线纹略呈放射状排列, 10 μm 内线纹有 9~11 条。

分布: 阳宗海

6. *Encyonema reichardtii* (Krammer) Mann   图版 78: 10-11

Krammer & Lange-Bertalot, 1985, p. 32-33, Fig. 5: 16-25.

壳面具背腹之分, 呈半椭圆形; 背侧弯曲呈弓形, 腹侧略呈弓形弯曲, 但背侧弯曲程度明显大于腹侧; 末端呈圆形。长 14.0~15.0 μm, 宽 6.0~6.5 μm。壳缝偏近腹侧, 较直; 近壳缝末端弯向背侧, 远壳缝末端较直。中轴区较窄, 线形; 中央区不明显。线纹略呈辐射状排列, 10 μm 内线纹有 16~17 条。

分布: 滇池

7. *Encyonema ventricosum* (Agardh) Grunow   图版 78: 15-16

施之新, 2017, p. 66, Figs. 17: 2-4, 40: 20.

壳面强烈地具背腹之分, 呈半椭圆形; 背侧明显地呈弓形弯曲, 腹侧略呈弓形弯曲向外膨出; 末端呈喙圆形。长 15.0~15.5 μm, 宽 4.5~5.0 μm。壳缝偏近腹侧, 线形, 近于平直; 近壳缝末端弯向背侧; 远壳缝末端较直。中轴区较窄, 线形, 几乎与腹侧平行; 中央区不明显。线纹呈放射状排列, 10 μm 内线纹有 14~16 条。

分布: 滇池

8. 微小内丝藻 *Encyonema minutum* (Hilse) Mann   图版 79: 1-24

施之新, 2013, p. 61-62, Figs. 16: 1-2, 41: 5.

壳面明显地具背腹之分, 半椭圆形; 背侧明显弯曲呈弓形, 腹侧近乎平直; 末端呈尖圆形或圆形。长 13.5~27.0 μm, 宽 5.0~7.5 μm。壳缝偏近腹侧, 较直, 几乎与腹侧平行; 近壳缝末端略膨胀, 偏向背侧; 远壳缝末端直线。中轴区较窄, 线形, 几乎与腹侧平行; 中央区不明显。线纹略呈放射状排列, 10 μm 内线纹有 9~11 条。

分布: 滇池, 异龙湖, 阳宗海

9. *Encyonema silesiacum* (Bleisch) Mann   图版 80: 1-22

Kulikovskiy et al., 2010, p. 28, Figs. 104: 5-13, 111: 4.

壳面明显具背腹之分, 半披针形或半椭圆形; 背侧明显地弯曲呈弓形, 腹侧近乎平直, 在中部膨胀凸出; 末端渐窄呈尖圆形。长 31.5~64.0 μm, 宽 10.0~13.5 μm。壳缝偏近腹侧, 较直; 近壳缝末端略膨胀, 弯向背侧; 远壳缝末端较直。中轴区中等宽度, 线形, 在中央区略宽; 中央区不明显。线纹呈放射状排列, 10 μm 内线纹有 8~10 条。

分布: 洱海, 杞麓湖, 星云湖

拟内丝藻属 *Encyonopsis* Krammer 1997

壳面线形、披针形或舟形, 背腹之分不明显, 末端延长呈喙状或头状。壳缝较直, 位于壳面中部，远壳缝末端弯向腹侧。中央区无孤点。线纹呈辐射状排列。

1. *Encyonopsis cesatiformis* Krammer　图版 81：1-10

Krammer，1997b，p. 206，Figs. 178：7-12，185：8-10，186：1，188：1-5.

壳面略具或几乎不具背腹之分，呈披针形；背侧和腹侧均呈弓形弯曲，但背侧弯曲程度略大于腹侧；末端延长呈喙状。长 29.0～40.5 μm，宽 6.5～8.0 μm。壳缝几乎位于壳面中部或略偏近腹侧，线形，较直；近壳缝末端略膨胀；远壳缝末端较直。中轴区较宽，线形；中央区明显，呈圆形或椭圆形。线纹呈放射状排列，10 μm 内线纹有 15～18 条。

分布：滇池

2. *Encyonopsis descripta* (Hustedt) Krammer　图版 82：1

Krammer，1997b，p. 123-124，Figs. 155：1-14，156：1-3，9-13，161：8.

壳面几乎不具背腹之分，披针形；背侧和腹侧均适度呈弓形弯曲，末端延长呈小头状。长 23.0 μm，宽 5.5 μm。壳缝几乎位于壳面中部，线形，近于平直；近壳缝末端和远壳缝末端均较直。中轴区较窄，线形；中央区近圆形。线纹略呈放射状排列，10 μm 内线纹有 20～23 条。

分布：星云湖

3. *Encyonopsis microcephala* (Grunow) Krammer　图版 82：2-19

Krammer，1997b，p. 91-92，Figs. 1，4-5，8-26，146：1-5，147：1-3，148：4，7；施之新，2017，p. 50，Fig. 13：5.

壳面几乎没有或轻微具背腹之分，线状披针形或线状椭圆形；背侧和腹侧均轻微呈弓形弯曲；两端缢缩延长，末端呈喙状或头状。长 14.0～20.0 μm，宽 3.5～4.0 μm。壳缝几乎位于壳面中部或偏近腹侧，线形；近缝端和远缝端均较直。中轴区较窄，线形；中央区不明显。线纹近平行排列，在两端略会聚，10 μm 内线纹有 22～23 条。

分布：滇池，洱海，泸沽湖，异龙湖，杞麓湖

4. *Encyonopsis minuta* Krammer & Reichardt　图版 82：20-27

Krammer，1997b，p. 195，Figs. 143：2-3，6-7，143a：1-27，145：15，148：4-7，149：17.

壳面轻微具背腹之分，线状披针形；背侧和腹侧均轻微呈弓形弯曲，但背侧弯曲度略大于腹侧；两端缢缩，末端延长呈头状。长 13.5～15.0 μm，宽 3.5～4.0 μm。壳缝几乎位于壳面中部或偏近腹侧，线形，略弯；近缝端和远缝端均较直。中轴区较窄，线形，较壳缝略宽；中央区不明显。线纹呈放射状排列，10 μm 内线纹有 22～23 条。

分布：杞麓湖

5. *Encyonopsis subminuta* Krammer & Reichardt　图版 82：28-31

Krammer，1997b，p. 195-196，Figs. 143a：30-33，144：1-11，16-17，149：9-16，150：15-21.

壳面几乎不具背腹之分，呈线状披针形；背侧和腹侧均轻微呈弓形弯曲；两端略缢缩延长呈头状。长 21.0～30.0 μm，宽 5.0～5.5 μm。壳缝几乎位于壳面中部，线形，略弯曲；近缝端和远缝端均较直。中轴区窄，呈线形；中央区不明显。线纹略呈放射状排列，在光镜下不清晰。

分布：阳宗海

异极藻科（Gomphonemaceae）

异极藻属 Gomphonema Ehrenberg 1832

壳面棒形，上下不对称，上部相对较宽，下部相对较狭长。中轴区明显，壳缝几乎与壳面等长，直或略弯曲。中央区明显，多呈横矩形或圆形，常具1个孤点。线纹辐射状或平行排列。

1. *Gomphonema acuminatum* Ehrenberg 图版83：1-26

Levkov et al., 2016, p. 22, Figs. 1：1-14，2：1-7，3：1-14，4：1-6.

壳面楔状棒形，上下明显不对称，壳面中部弧形凸出，在中部和上下两端之间各具一处缢缩，顶端缢缩明显，底端轻微缢缩；顶端最宽处向两侧膨胀凸出呈头状，端部明显凸出呈喙状；底端狭长，端部尖圆形。长 40.0~57.0 μm，宽 10.0~15.0 μm。壳缝波状。中轴区较窄，线形；中央区近圆形或横矩形，两侧具长度不等的短线纹。线纹单排，在中部和两端呈放射状排列，其他部位近平行排列，10 μm 内线纹有 8~10 条。中央区具1个孤点。

分布：洱海

2. *Gomphonema affine* Kützing 图版84：1-7

Kützing, 1844, p. 86, Fig. 30：54；Levkov et al., 2016, p. 24, Figs. 41：1-12，43：4，6.

壳面呈棒形，上下不对称，两侧呈弧形弯曲，壳面中部凸出，向两端逐渐变窄，顶端呈圆形，底端尖圆。长 33.5~51.5 μm，宽 11.5~12.5 μm。壳缝较直，近壳缝末端略膨胀。中轴区中等宽度，线形；中央区两侧各具一短线纹。线纹单排，呈放射状排列，10 μm 内线纹有 8~12 条。中央区具1个孤点。

分布：洱海，异龙湖

3. *Gomphonema angustatum* (Kützing) Rabenhorst 图版85：1-7

Levkov et al., 2016, p. 26, Figs. 45：1, 2, 51：19-23, 138：1, 4.

壳面呈披针状棒形，上下略不对称，从中部向两端渐窄，两端呈尖圆形。长 30.5~35.5 μm，宽 6.5~8.5 μm。壳缝较直。中轴区较窄，线形，在中部变宽。中央区向一侧扩大，两侧各具一短线纹。线纹单排，呈放射状排列，10 μm 内线纹有 7~12 条。中央区具1个孤点。

分布：洱海

4. *Gomphonema angusticephalum* Reichardt & Lange-Bertalot 图版85：8-10

Reichardt, 1999, p. 49, Figs. 55：5-8, 60：1-26.

壳面楔状棒形，上下明显不对称，壳面中部略凸起，在中部和上下两端之间各具一处缢缩，缢缩均较弱，有时底部缢缩不明显；顶端几乎与中部等宽或略宽，端部呈宽圆形或凸起呈尖圆；底端狭长，端部尖圆形。长 34.5~55.0 μm，宽 7.0~8.5 μm。壳缝较直。中轴区较窄，线形；中央区两侧具长度不等的短线纹。线纹单排，在中部和两端呈放射状排列，其他部位近平行排列，10 μm 内线纹有 10~13 条。中央区具1个孤点。

分布：洱海

5. *Gomphonema augur* Ehrenberg　图版 85：11-14

Levkov et al., 2016, p. 32, Figs. 35：1-23, 36：1-6.

壳面楔状棒形，靠近顶端处最宽，向下逐渐变窄；顶端几乎平截或平圆形，两侧呈明显的"肩"形，顶端中间凸出呈喙状；底端呈尖圆形。长 54.0~56.5 μm，宽 16.5~17.5 μm。壳缝较直。中轴区较窄，从中部向两端变窄；中央区横矩形，两侧具短线纹。线纹单排，在中部近乎平行排列，向两端呈放射状排列，10 μm 内线纹有 9~12 条。中央区具 1 个孤点。

分布：洱海

6. *Gomphonema angustivalva* Reichardt & Lange-Bertalot　图版 86：1-35

Reichardt, 1997b, p. 112, Fig. 6：1-29；Levkov et al., 2016, p. 30, Figs. 157：28-42, 159：1-7.

壳面线状披针形，中部略凸出或凸出不明显，两端呈尖圆形。长 17.0~34.5 μm，宽 3.0~5.0 μm。壳缝较直，近壳缝末端略膨胀。中轴区较窄，线形；中央区近横矩形，两侧具短线纹。线纹单排，呈放射状排列，10 μm 内线纹有 11~15 条。中央区具 1 个孤点。

分布：滇池，阳宗海

7. *Gomphonema asiaticum* Liu & Kociolek　图版 87：1-13

Liu et al., 2013, p. 312, Figs. 45-60.

壳面楔状棒形，中部最宽，有时略膨大；从中部向顶端逐渐变窄，在靠近顶部处呈圆弧形弯向端顶，顶端中间凸出呈喙状；由中部向底端变狭，底端呈尖圆形。长 42.0~71.0 μm，宽 9.5~12.0 μm。中轴区较窄，线形；中央区近横矩形，两侧具短线纹。线纹单排，在中部几乎平行排列，向两端逐渐呈放射状排列，10 μm 内线纹有 8~12 条。中央区具 1 个孤点。

分布：洱海

8. *Gomphonema auguriforme* Levkov　图版 88：1-21

Levkov et al., 2016, p. 33, Figs. 6：7-8, 37：1-26, 38：1-6.

壳面楔形，靠近顶端处最宽，向下逐渐变窄；顶端几乎平圆形，两侧呈"肩"形，顶端中间凸出呈喙状；底端呈尖圆形。长 19.0~44.0 μm，宽 9.0~11.5 μm。中轴区较窄，线形；中央区横矩形，两侧具短线纹。线纹单排，在中部近平行排列，向两端逐渐放射状排列，10 μm 内线纹有 9~12 条。中央区具 1 个孤点。

分布：洱海

9. *Gomphonema auritum* Braun　图版 89：1-15

Van de Vijver et al., 2020, p. 2, Figs. 2-55.

壳面狭披针形，中部略膨胀，向两端逐渐变窄；顶端和底端均呈尖圆形。长 33.0~51.0 μm，宽 4.5~7.0 μm。壳缝较直，近壳缝末端略膨大。中轴区较窄，线形。中央区较小，两侧具短线纹。线纹单排，近平行排列，10 μm 内线纹有 13~15 条。中央区具 1 个孤点。

分布：杞麓湖

10. *Gomphonema clavatum* Ehrenberg　　图版 90：1-35

Reavie & Smol, 1998, p. 50, Fig. 20：30.

壳面呈棒形，中部略宽，向两端逐渐变窄；顶端呈宽圆或钝圆；底端呈尖圆形。长 28.0~62.5 μm，宽 9.5~12.0 μm。壳缝略呈波浪状，近壳缝末端略膨大弯向同方向。中轴区较窄，线形；中央区两侧具短线纹。线纹单排，放射状排列，10 μm 内线纹有 7~9 条。中央区具 1 个孤点。

分布：洱海，程海

11. *Gomphonema coronatum* Ehrenberg　　图版 91：1-10

Levkov et al., 2016, p. 43, Fig. 7：1-15.

壳面楔状棒形，上下明显不对称，壳面中部弧形凸出，在中部和上下两端之间各具一处缢缩，顶端缢缩明显，底端轻微缢缩；顶端最宽处向两侧膨胀凸出呈头状，端部明显凸出呈喙状；底端狭长，端部尖圆形。长 55.0~108.0 μm，宽 11.5~14.5 μm。壳缝波状。中轴区较窄，线形；中央区近圆形或横矩形，两侧具长度不等的短线纹。线纹单排，在中部和两端呈放射状排列，其他部位近平行排列，10 μm 内线纹有 8~10 条。中央区具 1 个孤点。

分布：洱海

12. *Gomphonema gracile* Ehrenberg　　图版 92：1-18

Ehrenberg, 1838b, p. 217, Fig. 18：3；Cumming et al., 1995, p. 30, Fig. 43：1-7.

壳面线状披针形，上下几乎对称，中部略宽，向两端逐渐变窄；顶端和底端均呈尖圆形。长 45.0~63.0 μm，宽 7.5~10.0 μm。壳缝较直。中轴区较窄，线形；中央区较小，两侧具短线纹。线纹单排，呈放射状排列，10 μm 内线纹有 9~14 条。中央区具 1 个孤点。

分布：洱海

13. *Gomphonema graciledictum* Reichardt　　图版 93：1-15

Levkov et al., 2016, p. 53, Figs. 44：1-25, 45：3-6, 107：6, 108：1-34, 109：1-7.

壳面披针形至楔形，中部略宽，向两端逐渐变窄；顶端稍延长呈小头状或喙状；底端呈尖圆形。长 20.0~40.5 μm，宽 7.0~10.0 μm。壳缝略波曲。中轴区较窄，线形；中央区两侧不对称，一侧具短线纹。线纹单排，在中部近平行排列，向两端呈放射状排列，10 μm 内线纹有 12~16 条。中央区具 1 个孤点。

分布：滇池，洱海，异龙湖，杞麓湖

14. *Gomphonema tropicale* Brun.　　图版 94：1-10

施之新，2004，p. 76, Fig. XXXV：5.

壳面线性-棒状，端部为钝圆形，向基部变窄呈宽圆形。轴区较宽，约占壳面宽度的 1/3。中央区偏向一侧，呈横带状，一侧有 3 个孤点，另一侧无线纹。壳缝在中央区呈钩状。线纹呈放射状排列。长 92.0~200.0 μm，宽 14.0~25.0 μm。10 μm 内具 7~8 条（中部）和 12~14 条（两端）。

分布：抚仙湖

15. *Gomphonema hebridense* Gregory　　图版 94：11-13

Gregory, 1854, p. 99, Fig. 4：19；Levkov et al., 2016, p. 54, Figs. 134：1-28, 135：

1-6,137:4-5.

壳面披针形,中部略膨胀;向顶端渐窄,顶端稍延长呈喙状;向底端逐渐变狭,两侧边缘略凹入,底端略呈喙状。长29.0~51.5 μm,宽6.0~6.5 μm。壳缝较直。中轴区中等宽度,较直;中央区一侧具短线纹。线纹单排,在中部几乎平行排列,向两端呈放射状排列,10 μm内线纹有11~14条。中央区具1个孤点。

分布:洱海

16. *Gomphonema intermedium* Hustedt 图版94:14-18

Hustedt,1942,p.120,Figs.252-257;Reichardt,2008,p.106,Figs.1-11.

壳面线状棒形,中部最宽,略膨胀;顶端两侧略弯曲呈弓形,端部圆形;底端两侧略凹入,较顶端窄,端部尖圆形。长15.5~20.5 μm,宽3.0~4.5 μm。壳缝较直,近壳缝末端略膨胀。中轴区较宽,呈线形;中央区近横矩形,两侧具短线纹。线纹单排,呈放射状排列,10 μm内线纹有6~10条。

分布:滇池

17. *Gomphonema intricatum* Kützing 图版95:1-15

Kützing,1844,p.87,Fig.9:4;施之新,2004,p.56,Fig.XXV:1-3.

壳面线状棒形,中部最宽略膨胀;顶端两侧几乎平行或略凹入,端部头状;底端逐渐狭窄且比顶端窄,两侧呈凹入状,端部尖圆形。长47.5~92.0 μm,宽7.0~10.5 μm。壳缝较直,近壳缝末端略弯向同一侧。中轴区略宽,呈线形,在中央区略变宽;中央区近横矩形,一侧具短线纹。线纹单排,放射状排列,10 μm内线纹有7~12条。中央区具1个孤点。

分布:滇池,异龙湖,阳宗海

18. *Gomphonema italicum* Kützing 图版96:1-36

Kützing,1844,p.85,Fig.30:75;Levkov et al.,2016,p.63,Figs.15:1-16,23:6-8.

壳面楔状棒形,壳面中部膨胀不明显或不膨胀;顶端两侧几乎无缢缩,几乎与中部等宽,端部宽圆形;中部向底端逐渐变狭窄,端部尖圆形。长21.5~57.0 μm,宽10.0~17.0 μm。壳缝略呈波状,近壳缝末端略膨胀并弯向同方向。中轴区较窄,呈线形;中央区形状不规则,两侧具多条长度不等的线纹。线纹单排,呈放射状排列,向两端辐射程度减弱,10 μm内线纹有9~13条。中央区具1个孤点。

分布:洱海,异龙湖,杞麓湖,星云湖

19. *Gomphonema lagerheimii* Cleve 图版97:1-4

Cleve,1895,p.22,Fig.1:15;施之新,2004,p.33,Fig.IX:1-2.

壳面狭长,呈线形,上下略不对称,中部最宽;上下各具2个较弱的缢缩处;两端呈喙状或头状。长41.5~48.0 μm,宽6.0~6.5 μm。壳缝较直。中轴区较窄,呈线形;中央区两侧具短线纹。线纹单排,几乎平行排列,10 μm内线纹有14~17条。中央区具1个孤点。

分布:洱海

20. *Gomphonema Lange-Bertalotii* Reichardt 图版97:5-11

Reichardt,1997a,p.64,Figs.34-38.

壳面棒形，中部略凸出或不突出；顶端呈圆形；底端较顶端略窄，端部呈尖圆形。长 29.0~38.0 μm，宽 5.0~6.5 μm。壳缝较直。中轴区较窄，线形；中央区横矩形，一侧具短线纹。线纹单排，辐射排列，在两端辐射程度加强，10 μm 内线纹有 8~13 条。

分布：滇池。

21. *Gomphonema lagenula* Kützing　图版 98：1-10

Kützing, 1844, p. 85, Fig. 30：60; Levkov et al., 2016, p. 71, Figs. 102：39-47, 107：4, 8.

壳面近椭圆形，中部最宽，向两端逐渐变窄，两端轻微缢缩，均呈喙状或头状凸起。长 21.0~27.0 μm，宽 6.0~7.0 μm。壳缝较直。中轴区窄，较直；中央区较小，横矩形，两侧具短线纹。线纹单排，在中部几乎平行排列，在两端呈放射状排列，10 μm 内线纹有 13~16 条。中央区具 1 个孤点。

分布：洱海，阳宗海。

22. *Gomphonema exilissimum* Lange-Bertalot　图版 99：1-16

Lange-Bertalot & Metzeltin, 1996, p. 70, Fig. 62：22-27; Levkov et al., 2016, p. 49, Figs. 127：1-33, 128：1-41, 129：1-7, 131：26-47.

壳面披针形，中部最宽，向两端逐渐变窄，两端具轻微缢缩，略延长呈近亚头状。长 20.0~37.0 μm，宽 5.5~7.0 μm。壳缝较直。中轴区窄，较直；中央区大小多变，两侧具短线纹。线纹单排，在中部几乎平行排列，向两端略呈放射状排列，10 μm 内线纹有 11~14 条。中央区具 1 个孤点。

分布：滇池，洱海，杞麓湖。

23. *Gomphonema minutum*（Agardh）Agardh　图版 100：1-25

Levkov et al., 2016, p. 87, Figs. 171：1-22, 172：1-8.

壳面棒形，中部最宽，向两端逐渐变窄，顶端圆形，底端尖圆形。长 11.5~29.5 μm，宽 4.5~8.5 μm。壳缝较直。中轴区较窄，线形；中央区形状不规则，两侧具长短不一的线纹。线纹单排，呈放射状排列，10 μm 内线纹有 13~18 条。中央区具 1 个孤点。

分布：洱海，星云湖。

24. *Gomphonema microlanceolatum* You & Kociolek　图版 101：1-8

You et al., 2015, p. 9, Figs. 77-96.

壳面披针形，中部最宽，向两端逐渐变窄；顶端呈圆形；底端两侧略凹入，端部尖圆形。长 22.0~33.5 μm，宽 5.0~7.0 μm。壳缝较直，近壳缝末端略膨胀。中轴区窄，线形；中央区近横矩形，两侧具短线纹。线纹单排，放射状排列，10 μm 内线纹有 11~15 条。中央区具 1 个孤点。

分布：杞麓湖。

25. *Gomphonema procerum* Reichardt & Lange-Bertalot　图版 101：9-15

Reichardt & Lange-Bertalot, 1991, p. 526, Fig. 4：1-12.

壳面近棒状-窄披针形，近中部略宽，顶端呈圆形，底端呈尖圆形。壳面沿纵轴几乎对称，长 17.5~22.5 μm，宽 3.0~4.0 μm。壳缝直线形，近壳缝末端膨大，顶端远壳缝末端朝向同一侧偏转，底端远壳缝末端中央呈喙状。中轴区从中部朝向两端逐渐变；中央区近矩形。线纹在近中央区平行排列，朝向两端逐渐放射状排列，中央区的壳面两侧均有一条较短线纹，10 μm 内线纹有 9~13 条。具有一个孤点。

分布：杞麓湖

26. *Gomphonema parvuliforme* **Lange-Bertalot**　图版 101：16-24

Levkov et al., 2016, p. 96, Figs. 105：1-34, 107：2-3, 7

壳面近椭圆形，中部最宽，向两端逐渐变窄，顶端两侧略缢缩呈喙状或头状；底端比顶端窄，端部呈尖圆形。长 15.0~23.5 μm，宽 5.0~8.0 μm。壳缝较直。中轴区略宽，线形；中央区横矩形，两侧具端线纹。线纹单排，近平行排列，10 μm 内线纹有 14~16 条。中央区具 1 个孤点。

分布：洱海，异龙湖

27. *Gomphonema parvulum* **Kützing**　图版 102：1-9

Levkov et al., 2016, p. 98, Figs. 102：1-38, 104：1-24, 106：1-4, 107：1, 5, 110：34-38.

壳面棒状-近披针形，中部最宽，末端呈尖圆-小头状，壳面沿纵轴近乎对称。长 17.0~26.5 μm，宽 5.5~6.0 μm。壳缝线形，中轴狭窄；中央区较小，近矩形。线纹近平行排列，中央区一侧有一条短线纹，10 μm 内线纹有 12~17 条。具有一个孤点。

分布：滇池，洱海

28. *Gomphonema pygmaeoides* **You & Kociolek**　图版 102：10-16

You et al., 2015, p. 2-3, Figs. 1-22.

壳面线形-近棒状，顶端呈头状，底端呈小头状-喙状，中部至底端变尖的程度加深，壳面沿纵轴对称。长 25.0~31.0 μm，宽 3.5~4.0 μm。壳缝波形，轻微呈裂缝状，近壳缝末端略微膨大，朝向同一侧轻微偏转，顶端远壳缝末端呈钩状，底端远壳缝末端中央呈喙状。中轴区朝向两端逐渐变窄，约占壳面 1/4 至 1/3；中央区近圆形。线纹朝向中央区略微放射状排列，两端近平行排列，10 μm 内线纹有 9~13 条。具有一个孤点。

分布：滇池

29. *Gomphonema pseudointermedium* **Reichardt**　图版 103：1-52

Reichardt, 2008, p. 108, Figs. 12-25.

壳面棒状，近中部较宽，顶端呈宽圆形，底端呈尖圆形，壳面沿纵轴几乎对称。长 16.0~39.5 μm，宽 4.0~6.5 μm。壳缝波形，近壳缝末端略微膨大，朝向同一侧轻微偏转，远壳缝末端呈钩状或喙状。中轴区线形；中央区不规则，近蝴蝶结形。线纹在近中央区放射状排列，朝向两端逐渐平行排列，10 μm 内线纹有 14~17 条。具有一个孤点。

分布：滇池，泸沽湖

30. *Gomphonema sphaerophorum* **Ehrenberg**　图版 104：1-6

施之新，2004，p. 81，Fig. XIII：2-6.

壳面棒状-近宽披针形，顶端呈头状，底端呈尖圆形-喙状，中部最宽，中部至底端变尖程度加深。壳面沿纵轴几乎对称，长 36.0~45.0 μm，宽 8.5~9.0 μm。壳缝略微侧翻，呈波形，近壳缝末端朝同一侧轻微偏转，远壳缝末端呈喙状。中轴区朝向两端逐渐变窄；中央区较小，近圆形。线纹朝向两端放射增强，中央区线纹近乎平行排列，10 μm 内线纹有 12~13 条。具有一个孤点。

分布：滇池，洱海

31. *Gomphonema subclavatum* (Grunow) Grunow　图版 104：7-8

Grunow, 1884, p. 98, Fig. 1 (A): 13; Levkov et al., 2016, p. 123, Figs. 64: 1-19; 65: 1-7; 66: 1-18; 67: 1-26; 68: 1-7; 69: 1-24.

壳面棒状–披针形，顶端呈钝圆形，底端近圆形，中部最宽，中部至底端变尖程度加深，壳面近乎上下对称。长 44.0~45.5 μm，宽 9.0~9.5 μm。壳缝轻微侧翻，呈裂缝状，近壳缝末端略微膨大，朝向同一侧略微偏转，底端远壳缝末端中央呈喙状。中轴区朝向两端略微变窄，约占壳面 1/4~1/3；中央区近似菱形。线纹朝向中央区的放射增强，顶端渐平行排列，10 μm 内线纹有 10~13 条。具有一个孤点。

分布：阳宗海

32. *Gomphonema subtile* Ehrenberg　图版 104：9-10

Cumming et al., 1995, p. 64, Fig. 64: 13.

壳面近菱形棒状，顶端呈头状，底端呈近圆形–喙状，中部至底端变尖程度加深，壳面沿纵轴几乎对称。长 36.0~44.5 μm，宽 6.5~7.0 μm。壳缝轻微弯曲，近壳缝末端近水滴状，朝向同一侧略微偏转，顶端远壳缝末端呈钩状–喙状，底端远壳缝末端中央呈喙状。中轴区狭窄；中央区较小，近矩形。线纹近乎平行排列，中央区线纹较稀疏，10 μm 内线纹有 8~15 条。具有一个孤点。

分布：洱海

33. *Gomphonema subbulbosum* Reichardt　图版 105：1-21

Reichardt, 2008, p. 112, Figs. 42-59.

壳面棒状，顶端呈钝圆形，底端呈尖圆形–喙状，中部至底端较中部至顶端逐渐变尖程度更强，壳面沿纵轴近乎对称。长 21.5~31.0 μm，宽 6.0~8.0 μm。壳缝轻微波形，近壳缝末端近水滴状，朝向同一侧略微偏转，顶端远壳缝末端朝向一侧 90°偏转，底端远壳缝末端中央呈喙状。中央区近似椭圆形。线纹朝向中央区放射略微增强，近顶端渐平行排列，10 μm 内线纹有 10~12 条。具有一个孤点。

分布：异龙湖

34. *Gomphonema tumida* Liu & Kociolek　图版 106：1-7

Jiang et al., 2018, p. 259-261, Figs. 1-22.

壳面棒状，有明显的三波状轮廓，肩部和中央区的宽度近似，顶端呈宽菱形，顶端末端下方有一个明显的肩部，底端呈喙状–楔形，壳面沿纵轴几乎对称。长 53.0~107.0 μm，宽 11.5~15.5 μm。壳缝略波形，宽呈裂缝状，近壳缝末端线形–轻微膨大，朝向同一侧略微偏转，远端壳缝末端呈喙状。中轴区较窄，朝向两端逐渐变窄；中央区近椭圆形。线纹从末端朝向中央区放射状排列，10 μm 内线纹有 6~10 条。具有一个孤点。点纹清晰。

分布：洱海，星云湖

35. *Gomphonema turgidum* Ehrenberg　图版 106：8-19

Ehrenberg, 1854, p. 15, Figs. II/II: 40, IV/II: 34; 施之新, 2004, p. 28, Fig. V: 2-3.

壳面棒状，有明显的双波状轮廓，中部最宽，顶端呈宽圆形，底端呈尖圆形-喙状，壳面沿纵轴几乎对称。长 30.5~47.5 μm，宽 12.5~15.0 μm。壳缝侧翻，呈波形，近壳缝末端水滴形，朝向同一侧略微偏转。中轴区较窄；中央区小。线纹朝向中央区呈辐射状排列，10 μm 内线纹有 10~14 条。具有一个孤点。点纹清晰。

分布：异龙湖，杞麓湖

36. *Gomphonema turris* Ehrenberg　　图版 107：1-18

Levkov et al.，2016，p. 130，Fig. 15：17

壳面棒状，中部最宽，顶端呈宽菱形，底端呈喙状-楔形，壳面沿纵轴近乎对称。长 35.5~74.0 μm，宽 10.0~13.5 μm。壳缝波形，窄呈裂缝状，近壳缝末端略微膨大，向一侧略微偏转。中轴区狭窄；中央区呈菱形，约占壳面宽度 1/3。线纹朝向中央区呈放射状排列，中央区线纹几乎汇聚，10 μm 内线纹有 9~13 条。具有一个孤点。点纹清晰。

分布：洱海

37. *Gomphonema turris* var. *sinicum* Zhu & Chen　　图版 108：1-15

施之新，2004，p. 36，Fig. XI：3.

壳面棒状-窄披针形，中部最宽，顶端呈宽菱形-菱形，底端呈狭圆形-楔形，壳面沿纵轴近乎对称。长 32.0~102.5 μm，宽 13.5~18.0 μm。壳缝轻微弯曲，宽呈裂缝状，近壳缝末端呈逗号状，朝向同一侧略微偏转，远壳缝末端呈喙状。中轴区直线形，朝两端略微变窄，约占壳面 1/5；中央区近圆形。线纹朝向末端放射增强，中央区线纹排列较稀疏，10 μm 内线纹有 7~10 条。具有一个孤点。点纹清晰。

分布：洱海，异龙湖

38. *Gomphonema vibrio* Ehrenberg　　图版 109：1-13

Ehrenberg，1843，p. 416，Fig. 2：40；Krammer & Lange-Bertalot，2004，pl. 84，Figs. 1-3.

壳面线形-棒形，中部最宽，顶端呈圆形-头状，底端呈尖圆形-近楔形，壳面明显不对称。长 53.0~90.0 μm。宽 7.0~9.0 μm。壳缝呈宽裂缝状，朝向中央区和末端逐渐变窄，顶端远壳缝末端呈钩状。中轴区较宽，呈披针形，约占壳面 1/3 至 1/2；中央区近矩形，约占壳面宽度 1/2。线纹朝向中央区呈轻微放射状排列，中央区线纹稀疏，一侧无线纹，10 μm 内线纹有 6~15 条。具有一个孤点。

分布：滇池，异龙湖，阳宗海

39. *Gomphonema vardarense* Reichardt　　图版 109：14-16

Levkov et al.，2016，p. 131，Figs. 157：43-56，160：1-7.

壳面线形-披针形，顶端呈尖圆形，底端呈喙状-楔形，壳面沿纵轴近乎对称。长 14.5~27.0 μm，宽 3.0~4.5 μm。壳缝线形，近壳缝末端略微膨大，顶端远壳缝末端呈镰刀状，向一侧偏转，底端远壳缝末端呈喙状。中轴区宽，呈窄披针形，朝向两端逐渐变窄，约占壳面 1/3；中央区菱形-近矩形，约占壳面宽度 2/3。线纹近平行排列，中央区两侧线纹较短，10 μm 内线纹有 12~13 条。具有一个孤点。

分布：洱海

40. *Gomphonema* sp.　　图版109：17

壳面棒状，近中部最宽，顶端呈宽圆形，底端呈尖圆形-楔形，中部至底端较中部至顶端变尖程度加深，壳面沿纵轴近乎对称。长19.5 μm，宽5.5 μm。壳缝线形，中轴区线形，约占壳面1/5；中央区近圆形。线纹在中央区轻微辐射状排列，朝向两端渐平行排列，10 μm内线纹有13~14条。具有一个孤点。

分布：洱海

中华异极藻属 *Gomphosinica* Kociolek, You, Wang & Liu 2015

壳面棒状，顶端多呈宽圆形，底端相对更加狭窄，壳面几乎对称。壳缝多为直线形，中央区较小，常具有一个孤点。线纹呈辐射状或近平行状排列。

1. *Gomphosinica* sp. nov.　　图版109：18

壳面棒状，近中部最宽，顶端呈宽圆形，底端呈尖圆形-楔形，中部至底端较中部至顶端逐渐变尖程度加深，壳面沿纵轴近乎对称。长17.0 μm，宽4.5 μm。壳缝在光镜下不清晰。中轴区线形；中央区较小。线纹朝向中央区呈辐射状排列，向两端渐平行排列，10 μm内线纹有15~16条。孤点在光镜下不明显。

分布：程海

弯楔藻属 *Rhoicosphenia* Grunow 1860

壳体异面，壳面通常呈棒形，上下壳面不对称。上壳面两端都具有发育不完全的短壳缝。下壳面中央区较小，具有完整的壳缝。线纹分布密集，近平行排列。带面呈弧状楔形。

1. *Rhoicosphenia abbreviata* (Agardh) Lange-Bertalot　　图版110：1-26

Lange-Bertalot, 1980a, p.586, Figs. 1A, 3C-D, 5A.

壳面棒状，顶端呈尖圆形-宽圆形，底端末端呈尖圆形-楔形。长18.0~45.5 μm，宽3.5~6.5 μm。上壳面在两端具有发育不完全的短壳缝，线纹近平行紧密排列。下壳面中央区较小，具有完整的壳缝，线纹近平行排列，10 μm内线纹有21~22条。上下壳面中轴区狭窄。假隔片明显存在于壳体两端；带面呈弧形弯曲的楔形。

分布：洱海，泸沽湖，星云湖，阳宗海

2. *Rhoicosphenia* sp. 1　　图版110：27

壳体细长，壳面长棒状，两端呈尖圆形。长69.5 μm，宽5.5 μm。壳缝线形，近壳缝末端膨大呈圆球状。中轴区狭窄，线形；中央区几乎被两侧线纹覆盖。线纹近平行密集排列，10 μm内线纹有6~9条。

分布：洱海

舟形藻科（Naviculaceae）

双肋藻属 *Amphipleura* Kützing 1844

壳面披针形、舟形或纺锤形，中部略宽，两端钝圆或尖圆。中央节窄而长，一般为壳面长度的一半,在两端分叉为两条平行的肋纹。壳缝较短,位于两端平行的两条肋纹之间。横线纹较细,排列紧密。

1. *Amphipleura pellucida*（Kützing）Kützing　图版 111：1

Kützing, 1844, p. 130, Figs. 3：52, 30：84；李家英和齐雨藻, 2010, p. 22, Fig. Ⅲ：4.

壳面窄披针形,向两端渐窄,末端呈尖圆形,壳面沿着纵轴对称。长 88.5 μm,宽 8.5 μm。中央节明显纵向延长,中肋分叉短。壳缝短,位于硅质分叉肋之间。线纹在光镜下不清晰。

分布：阳宗海

暗额藻属 *Aneumastus* Mann & Stickle 1990

壳面线状披针形、椭圆披针形或舟形,末端尖圆或延长呈喙状或头状。壳缝直略呈波曲状,中轴区较窄,中央区形状不规则。线纹在壳面中部靠近轴区为单线纹,近壳缘是单线纹或双线纹,呈辐射排列。

1. *Aneumastus rostratus*（Hustedt）Lange-Bertalot　图版 111：2

李家英和齐雨藻, 2018, p. 8, Figs. XXⅣ：4, XXV：2-3, 8.

壳面宽披针形,壳面末端缢缩,末端延长呈喙状,壳面沿着纵轴对称。长 35.0～49.5 μm,宽 12.0～15.0 μm。壳缝较直,近壳缝末端略微膨胀。中轴区较窄;中央区辐节状,约占壳面宽度的 1/2。线纹辐射排列,10 μm 内线纹有 14～15 条。

分布：星云湖

2. *Aneumastus pseudotusculus*（Hustedt）Cox & Williams　图版 111：3-15

Krammer & Lange-Bertalot, 1986, p. 234, Figs. 81：8, 82：1-8.

壳面披针形,壳面末端缢缩,末端延长呈喙状,壳面沿着纵轴对称。长 25.5～45.0 μm,宽 9.0～13.5 μm。壳缝略波曲,近壳缝末端略微膨胀。中轴区线形,在中部扩大;中央区形状不规则。线纹放射状排列,在两端略平行,10 μm 内线纹有 14～21 条。

分布：星云湖

3. *Aneumastus* sp.　图版 111：16-17

壳面宽披针形,末端轻微缢缩,略延长呈亚头状,壳面沿着纵轴对称。长 29.0～30.5 μm,宽 10.5～11.0 μm。壳缝较直,近壳缝末端无明显膨胀,远壳缝末端较直。中轴区较窄,呈线形;中央区不明显。线纹放射状排列,末端辐射加强,10 μm 内线纹有 12～15 条。

分布：滇池

异菱藻属 *Anomoeoneis* Pfitzer 1871

壳面椭圆形、披针形、椭圆披针形或舟形,两侧壳缘膨胀凸出,两端渐窄,末端延长呈喙状或头状。中轴区窄线形,中轴区边缘有一列点纹,中央区常不对称。线纹呈平行或辐射排列。

1. *Anomoeoneis sphaerophora* Pfitzer　图版 112：1-2

Pfitzer, 1871, p. 77, Fig. 3：10；李家英和齐雨藻, 2010, p. 132, Figs. XXIII：5,

XXXX: 8-9.

壳面线状椭圆形,两侧缢缩,末端延长呈尖喙状或头状,壳面沿着纵轴对称。长 68.0～78.0 μm,宽 20.0～22.5 μm。壳缝较直,近壳缝末端略微膨胀,远壳缝末端向同一个方向弯曲。中轴区中等宽度,线形。中央区近椭圆形。线纹呈放射状排列,在末端近平行排列,10 μm 内线纹有 14～17 条。

分布:洱海,杞麓湖

短纹藻属 Brachysira Kützing 1836

壳面线形、披针形、椭圆形或舟形,两侧对称,末端圆形、尖圆或延长呈喙状、头状。壳缝直,中轴区窄线形,中央区形状多变。线纹排列密集,略呈辐射状。

1. Brachysira blancheana Lange-Bertalot & Moser　图版 112: 3-5

Lange-Bertalot & Moser, 1994, p. 19, Fig. 30: 10-11.

壳面披针形,末端轻微缢缩,呈喙圆,壳面沿着纵轴对称。长 30.0～32.0 μm,宽 5.5～6.0 μm。壳缝较直,近缝端和远缝端无明显偏转。中轴区较窄,线形;中央区近圆形。线纹排列紧密,近平行排列,在光镜下不清晰。

分布:滇池,杞麓湖

2. Brachysira guarrerai Vouilloud　图版 112: 6-8

Vouilloud et al., 2013, p. 152, Figs. 7-14.

壳面披针形,末端轻微缢缩,略延长呈喙状或头状,壳面沿纵轴近乎对称。长 22.0～23.5 μm,宽 5.0～5.5 μm。壳缝较直,近缝末和远缝端均较直,无偏转。中轴区较窄,线形;中央区较小,近圆形。线纹在壳面中部放射状排列,向两端辐射减弱,在光镜下不清晰。

分布:泸沽湖

3. Brachysira microcephala (Grunow) Compère　图版 112: 9-11

Compère, 1986, p. 26, 28, Fig. 94; Novelo et al., 2007, p. 35, Fig. 5: 3.

壳面披针形,末端明显缢缩,延长呈头状,壳面沿着纵轴近乎对称。长 26.5 μm,宽 5.5 μm。壳缝较直。中轴区窄,呈线形;中央区小,近圆形。线纹放射状排列,在光镜下不清晰。

分布:滇池,杞麓湖

4. Brachysira procera Lange-Bertalot & Moser　图版 112: 12-16

Lange-Bertalot & Moser, 1994, p. 55-57, Figs. 7: 8-26, 9: 4-6, 32: 21-26.

壳面披针形,末端圆形,壳面沿着纵轴近乎对称。长 31.5～36.0 μm,宽 5.0～7.0 μm。壳缝较直,近壳缝末端略微膨胀,远壳缝末端较直。中轴区较窄;中央区小,椭圆形至圆形。线纹辐射排列,在光镜下不清晰。

分布:阳宗海

美壁藻属 Caloneis Cleve 1894

壳面线形、线状披针形、舟形、椭圆形或提琴形,中部两侧通常膨大,末端尖或呈钝圆。壳缝直线形，中轴区和中心区形状多变。线纹在壳面中部呈辐射排列，向两端辐射程度减弱。壳面两侧或中轴区两侧有一条或多条纵线。

1. *Caloneis clevei* (Lagerstedt) Cleve　图版 113：1-2

李家英和齐雨藻，2010，p. 55，Fig. Ⅷ：2.

壳面线状披针形，末端宽圆形，壳面沿着纵轴对称。长 34.0~40.5 μm，宽 8.5 μm。壳缝较直，近壳缝末端膨胀并偏向同方向，远壳缝末端"?"形，向同一侧偏转。中轴区披针形，从中部朝向两端逐渐变窄。中央区横矩形，延伸至壳面边缘。线纹单排，近平行排列，在两端呈放射状排列，10 μm 内线纹有 18~22 条。

分布：杞麓湖，星云湖

2. *Caloneis falcifera* Lange-Bertalot, Genkal & Vekhov　图版 113：3

Lange-Bertalot et al.，2004，p. 12，Fig. 1：a-g.

壳面披针形，中部略微膨胀凸出，末端略尖圆形，壳面沿着纵轴对称。长 38.0 μm，宽 9.5 μm。壳缝较直，近壳缝末端略膨胀，稍向同一侧偏转，远壳缝末端较直。中轴区较宽，从中部向两端逐渐变窄。中央区横矩形，延伸至壳缘。线纹单排，在壳面中部近平行排列，在两端呈放射状排列，10 μm 内线纹有 19~20 条。

分布：星云湖

3. *Caloneis limosa* (Kützing) Patrick　图版 113：4

Patrick & Reimer，1996，p. 587，Fig. 54：10.

壳面披针形，中部明显膨胀，壳面具三个波状凸起，末端尖圆形，壳面沿纵轴对称。长 46.0 μm，宽 10.0 μm。壳缝较直，近壳缝末端膨胀，弯向同一侧。中轴区窄线形。中央区较小，近圆形。线纹近平行排列，10 μm 内线纹有 18~19 条。

分布：洱海

4. *Caloneis pseudotarag* Kulikovskiy, Lange-Bertalot & Metzeltin　图版 113：5

Kulikovskiy et al.，2012，p. 85，Figs. 13-19.

壳面披针形，末端呈圆形，壳面沿纵轴近乎对称。长 18.0 μm，宽 4.5 μm。壳缝较直。中轴区线形。中央区较大，长矩形，延伸到壳面边缘。线纹单排，近平行排列，在光镜下不清晰。

分布：杞麓湖

5. *Caloneis schumanniana* (Grunow) Cleve　图版 113：6-8

李家英和齐雨藻，2010，p. 59，Figs. Ⅸ：1，XXXIV：1.

壳面线状椭圆形，中部明显凸出，末端宽圆，壳面沿纵轴对称。长 41.0~49.0 μm，宽 8.5~9.5 μm。壳缝较直，近壳缝末端膨胀，向同一侧偏转。中轴区窄披针形。中央区较大，近方形，延伸至壳缘，中央区两侧各有一条半月状的宽条纹。线纹单排，轻微放射状排列，10 μm 内线纹有 19~20 条。

分布：抚仙湖

6. *Caloneis bacillum* (Grunow) Cleve　图版 113：9-12

Grunow，1863，p. 155，Fig. 13：16；Slate & Stevenson，2007，p. 363，Fig. 9；Witkowski et al.，2000，p. 163. Fig. 151：15-17；李家英和齐雨藻，2010，p. 53，Figs. XⅡ：

6，XXXIII：3。

壳面线状披针形，末端圆形，壳面沿着纵轴对称。长20.0~26.0 μm，宽6.0~7.0 μm。壳缝较直，近壳缝末端略膨胀并偏向同一侧。中轴区略宽，向壳面中央逐渐加宽。中央区横矩形，延伸至壳面边缘。线纹近平行排列，10 μm 内线纹有15~24条。

分布：洱海，杞麓湖。

7. *Caloneis bacillum* f. *inflata* Hustedt　图版113：13-14

Hustedt，1949b，p. 99，Fig. 11：26-31；李家英和齐雨藻，2010，p. 53，Figs. XII：6，XXXIII：3。

壳面线形，中部明显膨胀凸出，末端圆形，壳面沿着纵轴几乎对称。长52.5~54.5 μm，宽9.0~9.5 μm。壳缝较直，近壳缝末端略膨胀。中轴区窄线形。中央区较大，近方形，延伸直到壳缘。线纹单排，近平行排列，10 μm 内线纹有18~20条。

分布：抚仙湖。

8. *Caloneis bacillum* var. *trunculata* Skvortsov　图版114：1-16

Skvortsov，1935，p. 468，Fig. 1：25；李家英和齐雨藻，2010，p. 55，Fig. VIII：3。

壳面线形，中部略微膨胀，末端宽圆形，壳面沿着纵轴近乎对称。长35.5~53.5 μm，宽6.5~8.5 μm。壳缝较直。中轴区窄线形。中央区较大，横矩形至方形，延伸直达壳缘。线纹单排，近平行排列，10 μm 内线纹有13~15条。

分布：洱海。

9. *Caloneis fontinalis* (Grunow) Lange-Bertalot & Reichardt　图版115：1-22

Van De Vijver et al.，2020，p. 2，Figs. 3-53。

壳面线状披针形，末端圆形，壳面沿纵轴对称。长24.0~40.0 μm，宽5.5~7.0 μm。壳缝较直，近壳缝末端略膨胀，远壳缝末端稍向同一侧偏转。中轴区较宽，从中部朝向两端逐渐变窄。中央区较大，横矩形至方形，延伸至壳缘。线纹近平行排列，10 μm 内线纹有18~20条。

分布：洱海。

洞穴形藻属 *Cavinula* Mann & Stickle 1990

壳面线状披针形或椭圆形，末端圆形或延长呈喙状。壳缝较直，近壳缝末端扩大，远壳缝末端弯向一边，有时较短，中轴区线形，中央区稍扩大。线纹呈辐射排列，在中部长短线纹相间排列。

1. *Cavinula pseudoscutiformis* (Hustedt) Mann & Stickle　图版116：1

李家英和齐雨藻，2018，p. 13，Fig. I：9。

壳面近圆形，末端宽圆形，壳面沿纵轴对称。长12.0 μm，宽11.0 μm。壳缝较直，近壳缝末无明显膨胀。中轴区披针形；中央区较小，略膨胀，近圆形。线纹呈放射状排列，中部较长线纹与较短线纹交错，在末端线纹密度和放射强度均增加，10 μm 内线纹有15~16条。

分布：程海。

2. *Cavinula scutelloides* (Smith) Lange-Bertalot　图版116：2-8

Lange-Bertalot & Metzeltin，1996，p. 31，Fig. 24：13-14；李家英和齐雨藻，2018，

p. 13, Figs. I: 11, XXVI: 1-9.

壳面椭圆形,壳面沿纵轴对称。长 13.5~28.0 μm,宽 11.5~24.0 μm。壳缝较直,近壳缝末端略膨胀,远壳缝末端较直,不延伸到壳缘。中轴区窄线形;中央区小,呈椭圆形。线纹单排,粗点状,放射状排列,在末端放射强度和线纹密度均增强,在壳面中部长线纹和短线纹交替出现,10 μm 内线纹有 7~8 条。

分布:洱海,抚仙湖,杞麓湖

格形藻属 *Craticula* Grunow 1867

壳面披针形或舟形,末端延长呈喙状或头状。壳缝直线形,近壳缝末端一般较直,远壳缝末端接近壳缘,中轴区较窄,中央区不明显。横线纹呈紧密的平行排列,与纵线纹相互交叉形成格纹。

1. *Craticula accomoda* (Hustedt) Mann　图版 117:1

李家英和齐雨藻,2018, p. 16, Fig. II:2.

描述:壳面披针形,末端缢缩,呈喙状,壳面沿着纵轴对称。长 24.5 μm。宽 7.5 μm。壳缝较直,远壳缝末端略膨胀。中轴区较窄,线形;中央区略微膨胀呈长矩形。线纹单排,在中部几乎等长,近平行排列,在光镜下不清晰。

分布:杞麓湖

2. *Craticula ambigua* (Ehrenberg) Mann　图版 117:2-4

李家英和齐雨藻,2018, p. 17, Figs. II:3, XXVII:1-6, 11.

壳面披针形,末端缢缩,延长呈喙状,壳面沿纵轴对称。长 49.5~67.5 μm,宽 15.0~19.0 μm。壳缝较直,近壳缝末端略膨胀,远壳缝末端偏向同一个方向。中轴区较窄呈线形;中央区略膨胀,长矩形。壳面纵线纹与横线纹交叉形成格子纹;横线纹单排近平行排列,在两端略微辐射排列,10 μm 内线纹有 14~17 条。

分布:洱海,杞麓湖

3. *Craticula buderi* (Hustedt) Lange-Bertalot　图版 117:5-10

Rumrich et al., 2000, p. 101, Fig. 58:3.

壳面菱形披针形,末端喙状至圆形,壳面沿纵轴对称。长 32.0~34.0 μm,宽 7.0~8.0 μm。壳缝较直,近壳缝末端稍膨胀,远壳缝末端较直。中轴区较窄呈线形;中央区略膨胀,近椭圆形。线纹单排近平行排列,在末端略会聚,10 μm 内线纹有 18~20 条。

分布:杞麓湖

4. *Craticula* sp.　图版 117:11

壳面舟形,末端轻微缢缩,延长呈小头状,壳面沿着纵轴对称。长 57.0 μm,宽 11.5 μm。壳缝较直,近壳缝末端略膨胀,远壳缝末端较直。中轴区窄,线形;中央区不明显。线纹单排,近平行排列,在光镜下不清晰。

分布:杞麓湖

5. *Craticula cuspidata* (Kützing) Mann　图版 118:1-5

Metzeltin et al., 2009, p. 264, 266, Figs. 66:1-3, 67:1-2; Antoniades et al., 2008, p. 57-58, Figs. 21:1-2, 22:1-2.

壳面菱形披针形或舟形，中部较宽，末端逐渐变细，轻微缢缩，延伸呈喙状，壳面沿着纵轴对称。长 85.0~128.5 μm，宽 22.0~32.0 μm。壳缝较直，近壳缝末端略膨胀、变直或偏向同一方向，远壳缝末端呈钩状，向同一侧弯曲。中轴区较窄，呈线形；中央区较小，呈椭圆形。纵线纹较密，与横线纹垂直交叉；横线纹单排，近平行等距排列，10 μm 内线纹有 12~15 条。

分布：洱海，杞麓湖

全链藻属 *Diadesmis* Kützing 1844

壳面棒形、线形或披针形，末端圆形或尖圆形。壳缝较直，近壳缝末端略膨大，中轴区线形，中央区扩大。线纹单列，平行或辐射排列。

1. *Diadesmis confervacea* Kützing　图版 119：1-19

Kützing，1844，p.109，Fig.30：8；李家英和齐雨藻，2018，p.25，Fig.Ⅲ：10，11.

壳面线状披针形至线状椭圆形，末端尖圆形，壳面沿纵轴对称。长 15.0~23.0 μm，宽 7.0~8.0 μm。壳缝较直，近壳缝末端略膨胀，远壳缝末端直形。中轴区较窄，呈线形；中央区较宽，约占壳面宽度的 1/2。线纹放射状排列，10 μm 内线纹有 20~23 条。

分布：滇池，洱海，杞麓湖，星云湖

双壁藻属 *Diploneis* (Ehrenberg) Cleve 1894

壳面卵圆形、椭圆形、长椭圆形或菱形椭圆形，末端圆形或钝圆。壳缝较直，中轴区两侧有强的硅质增厚形成的角凸起并包围着壳缝，纵沟一般为线形或披针形。横肋纹平行或辐射状排列。

1. *Diploneis calcilacustris* Lange-Bertalot & Fuhrmann　图版 120：1-19

Lange-Bertalot & Fuhrmann，2016，p.160，Figs.8-24，109-111.

壳面椭圆形至长椭圆形，末端宽圆或圆形，壳面沿纵轴对称。长 17.5~28.5 μm，宽 10.5~14.0 μm。壳缝较直，近壳缝末端略膨胀，远壳缝末端直线。中央区小，近圆形。角明显，平行，纵沟中等宽度，在中部略凸出，向两端逐渐变窄。纵肋纹呈不规则波状，横肋纹呈轻微放射状排列，在末端放射增强，10 μm 内线纹有 11~14 条。

分布：洱海，抚仙湖，杞麓湖，星云湖，阳宗海

2. *Diploneis elliptica* (Kützing) Cleve　图版 120：20

李家英和齐雨藻，2010，p.96，Figs.XV：7，XXXVI：3-5；Lange-Bertalot et al.，2020，p.41，Figs.7-9.

壳面长椭圆形，壳面中部略凸出，末端宽圆形，壳面沿纵轴对称。长 37.5 μm，宽 14.5 μm。壳缝较直，近壳缝末端略膨胀，远壳缝末端呈直线。中央区近圆形。角平行，纵沟极窄，呈线形，在中部略膨胀。壳面纵肋纹呈波浪状，横肋纹轻微放射状排列，向两端放射增强，10 μm 内线纹有 14~15 条。

分布：抚仙湖

3. *Diploneis fontanella* Lange-Bertalot　图版 121：1-14

Werum & Lange-Bertalot，2004，p.141，Figs.74：1-15，75：4；Lange-Bertalot et al.，

2020, p. 47, Figs. 137-140.

壳面线状椭圆形，末端圆形，壳面沿纵轴对称。长 12.0~23.5 μm，宽 6.0~8.0 μm。中央区较小，椭圆形或圆形。纵沟较宽，从中间向两端逐渐变窄。横肋纹在壳面中部平行排列，两端靠近角处放射增强，10 μm 内线纹有 18~20 条。

分布：滇池，抚仙湖

4. *Diploneis marginestriata* Hustedt 图版 122：1-13

Hustedt, 1922, p. 236, Fig. 3：5；李家英和齐雨藻，2010, p. 99, Fig. XXXVII：4-6.

壳面线状椭圆形，两侧几乎平行，末端宽圆形，壳面沿纵轴对称。长 14.5~28.5 μm，宽 7.0~8.5 μm。中央区较小，延长，呈椭圆形。纵沟较宽，呈线形，纵沟外侧被相当于壳面宽度 1/3 的空白区包围。横肋纹在中部近平行排列，在两端放射状排列，10 μm 内线纹有 24~25 条。

分布：抚仙湖

5. *Diploneis oblongella* (Naegeli) Cleve 图版 122：14-16

Lange-Bertalot et al., 2020, p. 91, Figs. 35-36.

壳面线状椭圆形，两侧边缘近乎平行，末端宽圆形，壳面几乎沿纵轴对称。长 16.5~25.0 μm，宽 6.5~9.0 μm。壳缝较直，近壳缝末端和远壳缝末端均呈直线。中央区较小，近圆形或椭圆形。纵沟较窄，向两端逐渐变窄。横肋纹轻微放射状排列，在两端放射程度增强，10 μm 内线纹有 13~15 条。

分布：洱海，抚仙湖，泸沽湖

6. *Diploneis petersenii* Hustedt 图版 122：17-30

Lange-Bertalot et al., 2020, p. 103, Figs. 175：1-29, 176：1-5.

壳面线状椭圆形，壳面边缘平行或略凸，末端宽圆形，壳面沿着纵轴对称。长 8.0~17.0 μm，宽 4.0~5.0 μm。壳缝较直。中央区较小，方圆形。纵沟呈线形。横肋纹近平行排列，10 μm 内线纹有 24~25 条。

分布：洱海，抚仙湖，泸沽湖，阳宗海

7. *Diploneis pseudoovalis* Hustedt 图版 123：1-8

Skvortzow, 2012, p. 779, Fig. 146；李家英和齐雨藻，2010, p. 102, Fig. XVI：3.

壳面椭圆形，末端宽圆形，壳面沿纵轴对称。长 32.5~46.5 μm，宽 18.0~23.5 μm。壳缝较直，近壳缝末端略膨胀，远壳缝末端直线。中央区近圆形。角明显，平行，纵沟较窄，向末端渐窄，在中部膨胀凸出。横肋纹轻微放射状排列，向两端放射增强，10 μm 内线纹有 7~11 条。

分布：泸沽湖，抚仙湖

杜氏藻属 *Dorofeyukea* Kulikovskiy, Maltsev, Andreeva, Ludwig & Kociolek 2019

壳面线形或线状椭圆形，末端呈圆形或延长呈头状。壳缝直，近壳缝末端略膨胀，中轴区窄线形，中央区形状不规则。线纹单列，呈辐射状排列。

1. *Dorofeyukea indokotschyi* Kulikovskiy, Maltsev, Andreeva & Kociolek　图版124：1-9

Kulikovskiy et al., 2019, p. 176, Figs. 2-4.

壳面椭圆披针形，末端轻微缢缩，延长呈头状，壳面沿着纵轴对称。长17.5~26.5 μm，宽6.0~8.5 μm。壳缝较直；近壳缝末端和远壳缝末端均呈直线，无偏转。中轴区较窄，线形；中央区近蝴蝶结形，不延伸到壳面边缘。线纹明显由点纹组成，呈放射状排列，10 μm 内线纹有17~22条。

分布：杞麓湖

2. *Dorofeyukea savannahiana* (Patrick) Kulikovskiy & Kociolek　图版124：10-12

Patrick, 1959, p. 97-98, Fig. 8：7.

壳面现状椭圆形，末端呈宽圆形，壳面无缢缩，沿着纵轴对称。长35.0~36.5 μm，宽9.5~10.5 μm。壳缝较直；近壳缝末端略膨胀；远壳缝末端直线。中轴区较窄，呈线形；中央区较小，近圆形或椭圆形，不延伸到壳面边缘。线纹呈辐射状排列，10 μm 内线纹有14~17条。

分布：杞麓湖

曲解藻属 *Fallacia* Stickle & Mann 1990

壳面线形、披针形或椭圆形，末端常为钝圆形，壳面平坦。壳缝较直，近壳缝末端至或偏向一侧，远壳缝末端直或弯曲呈钩状。中轴区窄，两侧有时具透明区，中央区形状不规则。线纹单列，呈辐射状排列。

1. *Fallacia florinae* (Möller) Witkowski　图版125：1

Möller, 1950, p. 204, Fig. 9; Al-Handal & Al-Shaheen, 2019, p. 59, Fig. 19：10.

壳面线状椭圆形，末端圆形，壳面沿着纵轴对称。长16.0 μm，宽7.5 μm。壳缝较直，近壳缝末端略膨胀并弯向同一侧，远壳缝末端直线形，向同一方向弯曲。中轴区较窄，两侧具披针形透明区，从中部向两侧渐窄；中央区不明显。线纹单排，呈放射状排列，在光镜下不清晰。

分布：抚仙湖

2. *Fallacia fracta* (Hustedt ex Simonsen) Mann　图版125：2-3

Hustedt, 1961, p. 127, Fig. 1259; Krammer & Lange-Bertalot, 1986, p. 193, Fig. 66：31.

壳面线形，在中部略膨胀，末端圆形，壳面沿着纵轴对称。长10.5~13.0 μm，宽3.5~4.0 μm。壳缝较直，近壳缝末端膨胀，远壳缝末端呈钩状。中轴区较窄，呈线形；中央区较小，近圆形。线纹单排，呈放射状排列，在光镜下不清晰。

分布：抚仙湖

3. *Fallacia lucinensis* (Hustedt) Mann　图版125：4-17

Hustedt, 1950, p. 350, Fig. 38：24-25; Krammer & Lange-Bertalot, 1986, p. 223, Fig. 66：9-11.

壳面线形，末端宽圆形，壳面沿着纵轴对称。长6.0~14.0 μm，宽3.5~4.0 μm。壳缝较直，近壳缝末端和远壳缝末端均较直，无明显膨胀和偏转。中轴区较窄，呈线形；中央区大，两侧不对称，延伸至壳面边缘。线纹单排，近平行排列，10 μm 内线纹有 14～20 条。

分布：抚仙湖

4. *Fallacia omissa*（Hustedt）Mann　图版 125：18-20

Hustedt, 1945, p. 918, Fig. 41：6；李家英和齐雨藻，2018, p. 29, Fig. Ⅳ：2.

壳面宽线形，末端宽圆形，壳面沿着纵轴对称。长 16.5～20.0 μm，宽 6.0～6.5 μm。壳缝较直，近壳缝末端略膨胀，远壳缝末端弯向同一侧。中轴区较窄，呈线形；中央区略扩大呈椭圆形。线纹单排，呈放射状排列，10 μm 内线纹有 21～23 条。

分布：杞麓湖

5. *Fallacia pygmaea*（Kützing）Stickle & Mann　图版 125：21-24

Simonsen, 1975, p. 176-177；李家英和齐雨藻，2018, p. 30, Figs. Ⅲ：21, XXVIII：1-3.

壳面线状椭圆形至椭圆披针形，末端圆形，壳面沿着纵轴对称。长 25.0～29.0 μm，宽 10.5～13.0 μm。壳缝较直，近壳缝末端略膨胀，远壳缝末端直线形。中轴区较窄，两侧具竖琴状的透明区；中央区略扩大呈椭圆形。线纹单排，呈放射状排列，10 μm 内线纹有 24～27 条。

分布：杞麓湖

6. *Fallacia subhamulata*（Grunow & Van Heurck）Lange-Bertalot　图版 125：25-35

Van Heurck, 1880, p. 106, Fig. 13：14；朱蕙忠和陈嘉佑，2000, p. 179, Fig. 28：15.

壳面线形，两侧边缘几乎平行，末端钝圆形，壳面沿着纵轴对称。长 16.5～23.5 μm，宽 4.5～5.5 μm。壳缝较直，近壳缝末端膨胀，远壳缝末端呈钩状弯向同一侧。中轴区被壳面中部的冠层覆盖，冠层宽度约占壳面宽度的 1/2。中央区略扩大呈椭圆形。线纹单排，放射状排列，10 μm 内线纹有 34～36 条。

分布：抚仙湖

盖斯勒藻属 *Geissleria* Lange-Bertalot & Metzeltin 1996

壳面椭圆形或椭圆披针形，末端呈圆形或钝圆形，或延长呈头状或喙状。壳缝直，中轴区线形，中央区扩大，形状不规则。线纹常呈辐射状排列。

1. *Geissleria irregularis* Kulikovskiy, Lange-Bertalot & Metzeltin　图版 126：1-13

Kulikovskiy et al., 2012, p. 117, Figs. 72：35-41, 74：3.

壳面舟形，末端宽圆或钝圆，壳面沿着纵轴对称。长 16.5～33.5 μm，宽 7.0～9.5 μm。壳缝较直，近壳缝末端变直或略膨胀，远壳缝末端较直，无偏转。中轴区较窄呈线形；中央区近蝴蝶结形，线纹长短交错。线纹单排，放射状排列，10 μm 内线纹有 13～14 条。

分布：泸沽湖，异龙湖，杞麓湖

2. *Geissleria* sp.　图版 126：14-16

壳面舟形，末端宽圆或钝圆，壳面沿着纵轴对称。长 5.0～5.5 μm，宽 10.5～17.5 μm。

壳缝较直，近壳缝末端变直或略膨胀，远壳缝末端较直，无偏转。中轴区较窄呈线形。线纹单排，放射状排列，10 μm 内线纹有 13~14 条。

分布：杞麓湖

布纹藻属 *Gyrosigma* Hassall 1845

壳面多为 S 形，末端呈圆形、钝圆形或喙状。壳缝近 S 形或喙状，中轴区狭窄，中央节呈菱形-近椭圆形。横线纹多由大小不规则的点纹构成，分布密集。

1. *Gyrosigma acuminatum* (Kützing) Rabenhorst　图版 127：1-3

Rabenhorst, 1853, p. 47, Fig. 5：5a；李家英和齐雨藻, 2010, p. 34, Figs. V：1, XXVII：1.

壳面 S 形，末端呈圆形。长 71.0~123.0 μm，宽 10~18.5 μm。壳缝 S 形，远壳缝末端膨大呈小球状。中轴区狭窄；中央节呈菱形约占壳缝 1/6。横线纹分布密集，10 μm 内线纹有 20~21 条。

分布：抚仙湖，杞麓湖

2. *Gyrosigma scalproides* (Rabenhorst) Cleve　图版 127：4-6

Antoniades et al., 2008, p. 152-153, Figs. 41：1-2, 106：8-13.

壳面 S 形，末端呈钝圆形。长 179.0~190.5 μm，宽 19.5~22.0 μm。壳缝 S 形，远壳缝末端膨大近三角形。中轴区狭窄；中央节呈椭圆形，约占壳面宽度 1/5。横线纹分布密集，10 μm 内线纹有 14~15 条。点纹清晰。

分布：抚仙湖

蹄形藻属 *Hippodonta* Lange-Bertalot, Metzeltin & Witkowski 1996

壳面多呈近菱形、披针形，末端呈近头状、尖圆形或喙状。壳缝一般呈直线形，中轴区狭窄，中央区不明显。线纹粗，多数呈辐射状排列。

1. *Hippodonta angustata* Pavlov, Levkov, Williams & Edlund　图版 128：1

Pavlov et al., 2013, p. 24, Figs. 329-342.

壳面近菱形-披针形，末端呈喙状-圆形。长 24.5 μm，宽 4.5 μm。壳缝线形。中轴区狭窄。线纹粗，朝向中央区辐射程度加深，10 μm 内线纹有 5~7 条。带面呈矩形。点纹清晰。

分布：星云湖

2. *Hippodonta avittsts* (Cholnoky) Lange-Bertalot et al.　图版 128：2-3

Lange-Bertalot et al., 1996, p. 253-254, Figs. 1：30-40, 3：3-4.

壳面线形-披针形，末端呈尖圆形-近喙状，壳面几乎对称。长 16.0 μm，宽 4.5 μm。壳缝直线形。中轴区狭窄；中央区较小，圆形-近菱形。线纹朝向中央区辐射增强，近末端渐平行，10 μm 内线纹有 12~13 条。

分布：杞麓湖

3. *Hippodonta capitata* (Ehrenberg) Lange-Bertalot, Metzeltin & Witkowski　图版 128：4-6

Lange-Bertalot et al., 1996, p. 254, Figs. 2: 5, 3: 1, 4: 23; 李家英和齐雨藻, 2018, p. 36, Figs. IV: 11-12, XXVIII: 4-6.

壳面线形-近披针形，末端近头状，有明显的喙状突起，壳面上下几乎对称。长 23.0 μm，宽 7.5 μm。壳缝略弯曲，近壳缝末端略微膨大，向一侧轻微偏转，远壳缝末端中央呈喙状。中轴区狭窄；中央区小，近圆形。线纹粗，朝向中央区呈辐射状排列，末端渐平行排列，10 μm 内线纹有 7~9 条。

分布：杞麓湖

4. *Hippodonta costulata* (Grunow) Lange-Bertalot, Metzeltin & Witkowski 图版 128：7-10

Lange-Bertalot et al., 1996, p. 254, Figs. 1: 6-7, 3: 5, 4: 6-9.

壳面线形-窄披针形，末端呈尖圆状-喙状，壳面上下几乎对称。长 17.0 μm，宽 4.0 μm。壳缝直线形，近壳缝末端膨大，向一侧轻微偏转，远壳缝末端中央呈喙状。中轴区狭窄；中央区近蝴蝶结形。线纹粗，朝向中央放射增强，中部线纹间距大，10 μm 内线纹有 9~10 条。点纹清晰。

分布：抚仙湖

5. *Hippodonta geocollegarum* Pavlov, Levkov, Williams & Edlund 图版 128：11

Lange-Bertalot et al., 1996, p. 255, Fig. 4: 1-5.

壳面线形-窄披针形，末端呈尖圆状-喙状，壳面上下几乎对称。长 21.0 μm，宽 4.5 μm。壳缝直线形，近壳缝末端略微膨大，远壳缝末端呈钩状-喙状。中轴区宽，约占壳面宽度 1/4 至 1/3；中央区呈蝶形。线纹朝向中央区放射增强，中央区线纹稀疏，10 μm 内线纹有 7~10 条。

分布：泸沽湖

6. *Hippodonta hungarica* (Grunow) Lange-Bertalot, Metzeltin & Witkowski 图版 128：12-13

Lange-Bertalot et al., 1996, p. 259, Fig. 1: 22-26.

壳面线形-披针形，末端呈圆状，壳面上下几乎对称。长 22.0 μm，宽 5.5 μm。壳缝直线形，近壳缝末端呈逗号状，朝向同一侧偏转，远端壳缝末端中央呈喙状。中轴区狭窄；中央区较小。线纹较粗，朝向中央区放射增强，中央区左右两侧各有一条短线纹，10 μm 内线纹有 10~11 条。

分布：抚仙湖

7. *Hippodonta linearis* (Østruo) Lange-Bertalot et al. 图版 128：14

Lange-Bertalot et al., 1996, p. 261-262, Figs. 1: 16-21, 2: 3-4, 4: 24; 李家英和齐雨藻, 2018, p. 38, Figs. IV: 15, XXII: 12-13.

壳面线形-窄披针形，末端呈圆状，壳面上下几乎对称。长 23.5 μm，宽 6.5 μm。壳缝直线形，近壳缝末端轻微膨胀，朝向同一侧略微偏转，远端壳缝末端略微膨大，向同一侧略微偏转。中轴区狭窄；中央区近矩形。线纹朝向中央区放射增强，近末端渐平行，中央区左右两侧各有一条较短的线纹，10 μm 内线纹有 9~10 条。

分布：杞麓湖

泥栖藻属 *Luticola* Mann 1990

壳面呈线形、椭圆形或披针形，末端呈宽圆形、近头状或喙状。中轴区狭窄，呈直线形，中央区呈矩形或蝴蝶结形。线纹呈辐射状排列，点纹清晰。中央区一侧具一个独立的孤点。

1. *Luticola plausibilis* (Hustedt) Li & Qi 图版128：15

Hustedt, 1964, p. 602, Fig. 1606; Levkov et al., 2013, p. 189, Fig. 116：1-14.

壳体小，壳面近椭圆形，末端呈宽圆形，壳面上下几乎对称。长 13.0 μm，宽 6.5 μm。壳缝直线形，壳缝末端在光镜下不清晰。中轴区狭窄；中央区呈矩形，约占壳面宽度 3/5 至 4/5。线纹呈放射状分布，10 μm 内线纹有 22~23 条。中央区一侧具有一个孤点。

分布：洱海

2. *Luticola subcrozetensis* Van de Vijver, Kopalová, Zidarova & Levkov 图版128：16

Levkov et al., 2013, p. 47, Fig. 47：4-6.

壳面宽披针形，末端呈喙状，壳面上下几乎对称。长 19.0 μm，宽 7.5 μm。壳缝线形，近壳缝末端略微膨大，朝向同一侧偏转，远壳缝末端呈镰刀状，朝向同一侧偏转。中轴区狭窄，朝向两端逐渐变窄；中央区呈蝴蝶结形-近矩形，约占壳面宽度 4/5。线纹呈放射状分布，中央区两侧的壳缘有孤立的点纹，10 μm 内线纹有 15~16 条。具有一个孤点。

分布：杞麓湖

胸隔藻属 *Mastogloia* Thwaites in Smith 1856

壳面呈线形、椭圆形或披针形，末端呈钝圆形、头状或喙状。外壳面壳缝呈波形，中央区形状不规则，呈椭圆形、矩形，线纹多呈平行排列。内壳面中央区扩大呈半月形或 H 形的纵膈膜，边缘由隔室组成环片。

1. *Mastogloia pseudosmithii* Sylvia Lee, Gaiser, Van de Vijver, Edlund, & Spauld. 图版129：1-19

Lee et al., 2014, p. 338, Figs. 68-74.

壳面线形-近宽披针形，末端呈钝圆形-头状，壳面几乎对称。长 33.5~49.5 μm，宽 10.5~12.5 μm。外壳面，壳缝波形，近壳缝末端略微膨大状，朝向同一侧略微偏转，远壳缝末端呈镰刀状，朝向同一侧偏转；中轴区丝状；中央区形状不规则，近椭圆形-矩形，约占壳面宽度 1/2 至 1/3；线纹平行排列，点纹清晰，10 μm 内线纹有 10~11 条。内壳面，壳缝直，胸骨增厚，与中央节融合，间生带明显。

分布：滇池，异龙湖

2. *Mastogloia baltica* Grunow 图版130：1-7

Krammer & Lange-Bertalot, 1986, p. 844, Figs. 8-10.

壳面椭圆-宽披针形，末端呈头状，壳面对称。长 31.5~17.0 μm，宽 10.5~12.0 μm。

外壳面壳缝直。中轴区线状；中央区椭圆形-矩形，约占壳面宽度1/3至1/2；线纹平行排列，点纹清晰，10 μm 内线纹有12~14条。内壳面，壳缝直，胸骨增厚，与中央节融合，间生带明显。

分布：星云湖

3. *Mastogloia smithii* Thwaites & Smith　图版130：8-11

李家英和齐雨藻，2010，p. 18, Figs. I：1-2；XXV：1-2.

壳面椭圆-宽披针形，末端呈钝圆形-近头状，壳面几乎对称。长24.0~34.0 μm，宽9.0~11.5 μm。外壳面，壳缝弯曲，成波形，近缝端末端略膨胀，远缝端末端呈钩形。中轴区丝状；中央区形状不规则，近椭圆形-矩形，约占壳面宽度1/3至1/2；线纹平行排列，点纹清晰，10 μm 内线纹有12~14条。内壳面，壳缝直，胸骨增厚，与中央节融合，间生带明显。

分布：泸沽湖，杞麓湖

舟形藻属 *Navicula* Bory de St. -Vincent 1822

壳体通常呈舟形、线形、披针形等，形态多样，末端通常呈喙状、小头状、尖圆形等，壳面几乎对称。壳缝直线形，中轴区狭窄，中央区多呈蝴蝶结形、菱形、近圆形等。线纹通常呈辐射状排列或近平行排列，中央区线纹末端通常会聚或略会聚。

1. *Navicula australasiatica* Li & Metzeltin　图版131：1-7

Li et al., 2020, p. 122, Figs. 1-8.

壳面披针形，末端呈尖圆形-宽菱形，壳面上下几乎对称。长83.5~98.5 μm，宽11.5~15.0 μm。壳缝直线形，近壳缝末端膨大，远壳缝末端近镰刀状，朝向同一侧弯曲。中轴区狭窄，呈直线形；中央区呈菱形-近圆形，不对称，约占壳面宽度1/3至2/3。线纹从近末端朝向中央区呈放射状排列，近末端渐平行排列，中央区线纹有2~4条较短线纹，排列稀疏，10 μm 内线纹有6~9条。点纹清晰。

分布：抚仙湖

2. *Navicula angustissima* Hustedt　图版132：1-10

Simonsen, 1987, p. 171, Fig. 274：3-5.

壳面近菱形-窄披针形，末端呈喙状，壳面对称。长46.0~67.0 μm，宽7.5~10.0 μm。壳缝线形，近壳缝末端膨大呈水滴形，向一侧轻微偏转，远端壳缝末端中央呈喙状。中轴区狭窄，呈线形；中央区呈蝴蝶结形。线纹放射状排列，中央区线纹较短、排列稀疏，10 μm 内线纹有11~12条。点纹清晰。

分布：抚仙湖

3. *Navicula perangustissima* Li & Metzeltin　图版132：11-18

Li et al., 2020, p. 122, Figs. 9-24.

壳面线形-披针形，末端呈喙状，壳面对称。长33.0~59.5 μm，宽5.0~9.0 μm。壳缝线形，近壳缝末端膨大呈水滴形，朝向同一侧轻微偏转，远壳缝末端中央呈喙状。中轴区较窄，呈直线形；中央区呈蝴蝶结形，约占壳面宽度2/3。线纹朝向中央区呈轻微放射状排列，近末端渐平行排列，中央区线纹有2~3条较短线纹，排列稀疏，10 μm 内线纹有 15~16 条。点纹粗，在光镜下清晰。

分布：杞麓湖

4. *Navicula austrocollegarum* Lange-Bertalot　图版 133：1-15

Lange-Bertalot, 2001, p. 19, 224, Figs. 9：14-19, 67：5.

壳面近菱形-窄披针形，末端略微延伸呈喙状-近头状，壳面对称。长 22.5~32.0 μm，宽 4.5~5.0 μm。壳缝线形，近壳缝末端呈细孔形，远端壳缝末端中央呈喙状。中轴区直线形；中央区小，呈蝴蝶结形。线纹朝向中央区放射加强，排列稀疏，10 μm 内线纹有 17~19 条。

分布：洱海

5. *Navicula capitatoradiata* Germain & Gasse　图版 134：1-4

Gasse, 1986, p. 38, Figs. 8-9；Reavie & Smol, 1998, p. 38, Fig. 16：17-20.

壳面菱形-宽披针形，末端略微延伸呈喙状-小头状，壳面几乎对称。长 36.0~41.5 μm，宽 7.0~8.5 μm。壳缝线形，近壳缝末端呈水滴形，远壳缝末端呈钩形-喙状。中轴区狭窄；中央区菱形-圆形。线纹朝向中央区放射加强，中央区线纹末端略会聚，10 μm 内线纹有 14~15 条。

分布：洱海，抚仙湖，程海，杞麓湖，星云湖

6. *Navicula cari* Ehrenberg　图版 134：5-13

李家英和齐雨藻，2018, p. 100, Fig. XII：13

壳面线形-披针形，末端呈尖圆形，壳面几乎对称。长 25.0~33.5 μm，宽 6.5~8.0 μm。壳缝线形，近壳缝末端呈水滴形，向一侧轻微偏转，远壳缝末端呈钩形。中轴区狭窄，直线形；中央区椭圆形-近矩形。线纹朝向中央区放射加强，中央区线纹排列不规则，末端近平行排列，10 μm 内线纹有 10~13 条。

分布：杞麓湖

7. *Navicula cryptofallax* Lange-Bertalot & Hofmann　图版 134：14-22

Lange-Bertalot, 1993, p. 103-104, Figs. 47：11, 48：1-4.

壳面线形-披针形，末端略微延伸呈喙状-小头状，壳面几乎对称。长 16.5~24.5 μm，宽 5.0~5.5 μm。壳缝线形，近壳缝末端略微膨大，远壳缝末端中央呈喙状。中轴区狭窄，直线形；中央区较小。线纹朝向中央区辐射加强，中央区线纹末端汇聚，10 μm 内线纹有 20~22 条。

分布：泸沽湖

8. *Navicula cryptotenelloides* Lange-Bertalot　图版 134：23-26

Lange-Bertalot, 1993, p. 105-106, Figs. 50：9-12, 51：1-2；李家英和齐雨藻，2018, p. 155, Figs. XIX：2, XLVIII：18.

壳面椭圆形-宽披针形，末端呈尖圆形，壳面几乎对称。长 14.5~20.5 μm，宽 5.5~7.5 μm。壳缝狭窄、线形，近壳缝末端略微膨大，朝向同一侧轻微偏转，远壳缝末端呈钩形。中轴区直线形；中央区圆形-近矩形。线纹朝向中央区放射加强，中央区线纹末端略会聚，10 μm 内线纹有 13~14 条。

分布：滇池，泸沽湖，杞麓湖，星云湖

9. *Navicula cryptocephala* Kützing　　图版 135：1-24

Lange-Bertalot, 1993, p. 103-104, Figs. 47：11, 48：1-4；李家英和齐雨藻, 2018, p. 101, Figs. XII：15-16, XL：7-15, XLVI：10.

壳面近宽披针形，末端略微延伸呈尖圆形-小头状，壳面几乎对称。长 26.0~45.5 μm，宽 6.0~8.5 μm。壳缝线形，近壳缝末端呈水滴形，远壳缝末端呈钩形。中轴区直线形；中央区菱形，约占壳面宽度 1/4 至 1/3。线纹朝向中央区放射加强，中央区线纹末端略会聚，10 μm 内线纹有 15~16 条。

分布：洱海，抚仙湖，杞麓湖

10. *Navicula cryptotenella* Lange-Bertalot　　图版 136：1-18

Krammer & Lange-Bertalot, 1985, p. 62-64, Figs. 18：22-23, 19：1-10, 27：1, 4；李家英和齐雨藻, 2018, p. 125, Fig. XIV：4.

壳面披针形，末端呈尖圆形-喙状，壳面几乎对称。长 26.0~45.5 μm，宽 6.0~8.5 μm。壳缝线形，近壳缝末端膨大，朝向同一侧轻微偏转，远壳缝末端中央呈喙状。中轴区狭窄，直线形；中央区菱形-椭圆形。线纹朝向中央区放射加强，中央区线纹末端会聚，末端近平行排列，10 μm 内线纹有 17~18 条。

分布：抚仙湖

11. *Navicula craticuloides* Li & Metzeltin　　图版 137：1-9

Gong et al., 2015, p. 136-137, Fig. 1-11.

壳面近菱形-近宽披针形，末端呈宽圆形-头状，壳面上下几乎对称。长 70.0~97.0 μm，宽 19.0~23.0 μm。壳缝线形，近壳缝末端略微膨大呈小球状，远壳缝末端呈钩状，朝向同一侧偏转。中轴区狭窄，直线形；中央区近似矩形，形状不规则，约占壳面宽度 1/2。线纹大部分波形、呈放射状排列，中央区线纹有 2~3 条不规则线纹，10 μm 内线纹有 8~10 条。

分布：滇池

12. *Navicula digitoconvergens* Lange-Bertalot　　图版 138：1-9

Lange-Bertalot & Genkal, 1999, p. 64-65, Figs. 15：1-9, 16：4-5.

壳面披针形，末端呈圆形-尖圆形，壳面上下几乎对称。长 29.5~44.5 μm，宽 6.0~7.5 μm。壳缝线形，近壳缝末端略微膨大，朝向同一侧轻微偏转，远壳缝末端呈镰刀状，朝向同一方向弯曲。中轴区直线形；中央区较小，近菱形、两侧形状不对称。线纹朝向中央区放射加强，中央区线纹排列稀疏，10 μm 内线纹有 9~12 条。

分布：杞麓湖

13. *Navicula exilis* Kützing　　图版 138：10-21

李家英和齐雨藻, 2018, p. 156, Fig. XIX：6.

壳面披针形，末端呈圆形-小头状，壳面对称。长 18.5~30.0 μm，宽 5.5~7.0 μm。壳缝线形，近壳缝末端略微膨大，远壳缝末端中央呈喙状。中轴区直线形；中央区椭圆形-近菱形，约占壳面宽度 1/2 至 2/3。线纹在中央区辐射状排列，近末端线纹渐平行，中央区线纹较短，10 μm 内线纹有 14~15 条。

分布：洱海

14. *Navicula fuxianturriformis* Y. -L. Li, J. -S. Guo & Kociolek　图版139：1-10

Zhang et al., 2022, p. 143, Figs. 1-19.

壳面近椭圆形-宽披针形，末端呈楔形-近小头状，壳面几乎对称。长33.0~48.0 μm，宽11.0~12.5 μm。壳缝线形，近壳缝末端略微膨大，远壳缝末端近钩状，朝向同一侧偏转。中轴区较窄，呈直线形；中央区呈菱形-椭圆形。线纹朝向中央区呈轻微放射状排列，近末端渐平行排列，中央区线纹末端会聚，10 μm内线纹有11~12条。点纹清晰。

分布：杞麓湖

15. *Navicula gongii* Metzeltin & Li　图版140：1-9

Gong et al., 2015, p. 138-141, Figs. 12-22.

壳面披针形，末端延伸呈尖圆形，壳面几乎对称。长89.5~121.5 μm，宽14.0~17.5 μm。壳缝略翻转，呈裂缝状，近壳缝末端略微膨大，朝向同一侧偏转，远壳缝末端近S形。中轴区轻微波形；中央区近菱形，约占壳面宽度1/2。线纹密集，朝向中央区呈放射状排列，中央区线纹排列稀疏，10 μm内线纹有10~13条。

分布：抚仙湖

16. *Navicula lanceolata* (Agardh) Ehrenberg　图版141：1-3

Ehrenberg, 1838b, p. 185, Fig. 13：21；李家英和齐雨藻，2018，p. 118, Figs. X：16-18, XLII：3-6.

壳面披针形，末端呈尖圆形，壳面对称。长93.0~129.0 μm，宽17.5~18.5 μm。壳缝直线形，近壳缝末端略微膨大，远壳缝末端呈镰刀状，朝同一方向偏转。中轴区直线形；中央区近椭圆形，不对称。线纹辐射状排列，在近末端处渐平行，中央区有数条短线纹，10 μm内线纹有6~8条。点纹清晰。

分布：程海，泸沽湖

17. *Navicula peroblonga* Metzeltin, Lange-Bertalot & Nergu　图版141：4-6

Metzeltin et al., 2009, p. 64, Figs. 33：1-7, 258：1-3.

壳面线形-长椭圆形，末端呈圆形，壳面几乎对称。长124.0~135.0 μm，宽15.5~16.5 μm。壳缝直线形，窄呈裂缝状，近壳缝末端略微膨大，朝向同一侧偏转，远壳缝末端呈钩状，朝向同一侧弯曲。中轴区直线形，朝向末端逐渐变窄；中央区菱形，约占壳面宽度1/2至2/3。线纹粗、略波形，呈放射状排列，中央区有数条短线纹，10 μm内线纹有7~8条。

分布：异龙湖，星云湖

18. *Navicula radiosa* Kützing　图版142：1-13

Kützing, 1844, p. 91, Fig. 4：23；李家英和齐雨藻，2018，p. 134, Figs. XVI：1-3, XLIV：1-13, XLV：1-10.

壳面线形-披针形，末端呈尖圆形，壳面对称。长51.5~78.0 μm，宽8.5~10.5 μm。壳缝直线形，近壳缝末端略微膨大，朝向同一侧轻微偏转，远壳缝末端呈钩状-喙状。中轴区狭窄，直线形；中央区菱形-圆形，约占壳面宽度1/3。线纹呈放射状排列，中央区线纹末端会聚，10 μm内线纹有10~14条。

分布：洱海，抚仙湖，异龙湖，杞麓湖

19. *Navicula subhastatula* Levkov et Metzeltin　图版 143：1-11

Levkov et al., 2007, p. 101-102, Figs. 55：1-17, 56：1-5.

壳面菱形，末端延长呈喙状，壳面对称。长 35.5~52.0 μm，宽 8.0~10.0 μm。壳缝直线形，窄裂缝形，近壳缝末端略微膨大，远壳缝末端中央呈喙状。中轴区狭窄，直线形；中央区椭圆形，约占壳面 1/2。线纹朝向中央区呈放射状排列，末端线纹较短，10 μm 内线纹有 15~16 条。点纹清晰。

分布：杞麓湖

20. *Navicula trivialis* Lange-Bertalot　图版 144：1-14

Lange-Bertalot, 1980c, p. 31, Figs. 1：5-9, 9：1-2.

壳面披针形，末端略微延长呈喙状-小头状，壳面几乎对称。长 45.0~62.0 μm，宽 11.5~14.0 μm。壳缝略波形，近壳缝末端略微膨大，远壳缝末端朝向同一侧偏转。中轴区狭窄呈直线形；中央区近圆形，约占壳面宽度 1/3。线纹朝向中央区呈放射状排列，近末端渐平行，10 μm 内线纹有 10~11 条。

分布：洱海，杞麓湖

21. *Navicula turriformis* Li & Metzeltin　图版 145：1-21

Li et al., 2020, p. 123, Figs. 25-40.

壳面近宽披针形，末端呈宽菱形，壳面沿纵轴几乎对称。长 44.0~72.0 μm，宽 14.5~18.5 μm。壳缝线形，近壳缝末端膨大呈水滴状，朝向同一侧轻微偏转，远壳缝末端中央呈钩状-喙状。中轴区较窄，直线形；中央区近蝶形，形状不规则，约占壳面宽度 1/3 至 1/2。线纹朝向中央区呈放射状排列，中央区线纹会聚，近末端渐平行排列，中央区线纹有 2~3 条较短线纹，排列稀疏，10 μm 内线纹有 8~10 条。点纹清晰。

分布：杞麓湖

22. *Navicula yunnanensis* Li & Metzeltin　图版 146：1-9

Gong et al., 2015, p. 141-143, Figs. 27-32

壳面近披针形，有轻微的三波形轮廓，末端呈尖圆形-楔形，壳面几乎对称。长 88.0~128.5 μm，宽 16.0~21.5 μm。壳缝略微弯曲，近壳缝末端呈细孔状，朝向同一侧轻微偏转，远壳缝末端呈喙状。中轴区直线形，朝向两端逐渐变窄；中央区近蝴蝶结形，约占壳面宽度 1/3。线纹密集，朝向中央区呈放射状排列，中央区线纹有 2~3 条不规则线纹，排列稀疏，10 μm 内线纹有 6~9 条。

分布：杞麓湖，星云湖

23. *Navicula rostellata* Kützing　图版 147：1-8

Kützing, 1844, p. 165, Fig. 3：65；李家英和齐雨藻, 2018, p. 139, Fig. XX：11-12.

壳面线形-近宽披针形，末端略微延伸呈小头状，壳面几乎对称。长 30.0~37.5 μm，宽 8.0~9.5 μm。壳缝直线形，近壳缝末端略微膨大，远壳缝末端呈钩状。中轴区直线形；中央区菱形-圆形，约占壳面宽度 1/3 至 1/2。线纹在中央区呈轻微放射状排列，近末端渐平行，中央区线纹末端略会聚，10 μm 内线纹有 11~16 条。点纹清晰。

分布：洱海，泸沽湖，异龙湖

24. *Navicula viridula* (Kützing) Ehrenberg　图版 147：9-11

李家英和齐雨藻, 2018, p. 144. Figs. XVII：7-9, XLVII：1, 4-5.

壳面线形-披针形，末端呈头状，壳面上下几乎对称。长 60.0~73.5 μm，宽 12.5~14.5 μm。壳缝线形，近壳缝末端略微膨大，远壳缝末端朝向一侧偏转。中轴区狭窄，直线形；中央区近椭圆形，不对称，约占壳面宽度 1/4 至 1/3。线纹朝向中央区放射增强，近末端渐平行，10 μm 内线纹有 7~9 条。

分布：杞麓湖

25. *Navicula* sp. 1　图版 147：12-13

壳面披针形，末端延伸呈小头状，壳面对称。长 30.5~36.5 μm，宽 8.5~9.0 μm。壳缝线形，近壳缝末端膨大，远壳缝末端中央呈喙状。中轴区呈直线形；中央区较小，呈椭圆形。线纹朝向中央区放射更强，中央区线纹末端略会聚，10 μm 内线纹有 15~16 条。点纹清晰。

分布：洱海，杞麓湖

26. *Navicula* sp. 2　图版 148：1-14

壳面梭形-宽披针形，末端呈楔形，壳面对称。长 53.0~76.5 μm，宽 14.5~18.5 μm。壳缝线形，窄呈裂缝状，近壳缝末端膨大呈小球状，远壳缝末端朝向同一侧偏转。中轴区呈直线形；中央区呈圆形-近菱形。线纹朝向中央区呈放射状排列，近末端渐平行排列，中央区线纹末端会聚，10 μm 内线纹有 8~11 条。点纹清晰。

分布：洱海，程海

长篦形藻属 *Neidiomorpha* Lange-Bertalot & Cantonati 2010

壳面呈线形，壳缘通常具有纵列纹，中部向内凹陷，末端呈圆形或略微延伸呈头状。中轴区线形，中央区呈椭圆形至菱形。线纹呈辐射状排列或近平行排列。

1. *Neidiomorpha binodis* (Ehrenberg) Cantonati, Lange-Bertalot & Angeli　图版 149：1

李家英和齐雨藻，2018，p. 60，Figs. XXXI：11-12；Cantonati et al.，2010：p. 200.

壳面线形，有明显的三波形轮廓，中部向内凹陷，末端略延伸呈头状，壳面几乎对称。长 32.5 μm，宽 8.5 μm。壳缝线形，近壳缝末端膨大，远壳缝末端中央呈喙状。中轴区狭窄，线形；中央区较小，椭圆形-菱形。线纹近平行排列，在光镜下不清晰。

分布：杞麓湖

长篦藻属 *Neidium* Pfitzer 1871

壳面呈线形、披针形或椭圆形，壳缘通常有纵列纹，末端呈钝圆形、喙状或略延伸呈近头状等。壳缝线形，近壳缝末端朝向不同方向弯曲，中轴区线形，中央区呈菱形至圆形。线纹呈辐射状排列或近平行排列。

1. *Neidium aequum* Liu, Wang & Kociolek　图版 149：2

刘琪，2015，p. 153，Figs. 93：1-8，94：1-5.

壳面线形-近宽披针形，壳缘有明显的纵列纹，约占壳面 1/4，末端略延伸呈近头状，壳面几乎对称。长 54.5 μm，宽 14.5 μm。壳缝线形，近壳缝末端呈钩状，朝向不同方向近 90°弯曲，远端壳缝末端笔直延伸到壳套。中轴区线形；中央区小，近菱形。线纹呈轻微波形，轻微放射状排列，10 μm 内线纹有 21～23 条。

分布：杞麓湖

2. *Neidium cuneatiforme* Levkov　图版 149：3-9

Levkov et al., 2007, p. 106, Figs. 1-9.

壳面椭圆形-近宽披针形，壳缘有明显的纵列纹，约占壳面 1/4 至 1/3，末端呈宽菱形，壳面几乎对称。长 25.5～43.0 μm，宽 8.0～14.0 μm。壳缝直线形，近壳缝末端呈镰刀状，朝向相反的方向偏转，远端壳缝末端朝相同方向轻微偏转。中轴区线形；中央区小，近菱形。线纹近平行排列，10 μm 内线纹有 17～20 条。

分布：抚仙湖，杞麓湖，星云湖

3. *Neidium curtihamatum* Lange-Bertalot, Cavacini, Tagliaventi & Alfinito　图版 149：10

Lange-Bertalot et al., 2003, p. 88, Fig. 77：1-11.

壳面线形-宽椭圆形，靠近壳缘有狭窄的纵列纹，末端呈宽圆形-小头状，壳面几乎对称。长 30.5 μm，宽 8.5 μm。壳缝线形，近壳缝末端线形，远端壳缝末端延伸到壳套。中轴区狭窄；中央区小，呈圆形-近菱形。线纹在光镜下不清晰。

分布：洱海

4. *Neidium iridis* (Ehrenberg) Cleve　图版 149：11

Pienitz et al., 2003, p. 60, Fig. 18：7-8.

壳面线形-近椭圆形，较平坦，靠近壳缘有狭窄的纵列纹，末端呈宽圆形，壳面几乎对称。长 55.5 μm，宽 12.5 μm。壳缝轻微波形，近壳缝末端直线形，朝向不同方向近 90°弯曲，远端壳缝末端延伸到壳套。中轴区呈线形；中央区呈菱形，约占壳面宽度 1/2。线纹密集，近平行排列，中央区点纹排列不规则，10 μm 内线纹有 20～21 条。

分布：阳宗海

5. *Neidium lacusflorum* Liu, Wang & Kociolek　图版 149：12-13

Liu et al., 2017, p. 18, Figs. 163-166, 173-177.

壳面线形-椭圆形，较平坦，壳缘有明显纵列纹，约占壳面 1/4，末端呈宽菱形，壳面不对称。长 121.5～138.0 μm，宽 29.0～32.5 μm。壳缝略波形，窄呈裂缝状，近壳缝末端丝状，朝向不同方向近 45°弯曲。中轴区线形，在中心区域和顶端附近明显变窄；中央区呈菱形，约占壳面宽度 1/5。线纹密集，近平行排列，10 μm 内线纹有 10～12 条。点纹清晰。

分布：抚仙湖

6. *Neidium qia* Liu, Wang & Kociolek　图版 149：14

Liu et al., 2017, p. 9, Figs. 40-44, 53-57.

壳面线形-近椭圆形，较平坦，壳缘有明显纵列纹，约占壳面 1/4，末端略微延伸呈尖圆形-喙状，壳面不对称。长 56.5 μm，宽 14.0 μm。壳缝直线形，近壳缝末端线形。中轴区线形，在中心区域和顶端附近收缩；中央区呈倾斜椭圆形-矩形，不对称。10 μm 内线纹有 21～24 条。

分布：洱海

Oestrupia Heiden ex Hustedt 1935

壳面呈线形或披针形，末端呈宽菱形、楔形或钝圆形，壳面对称。壳缝通常呈直线形，中轴区线形，中央区较小。线纹近平行排列，点纹清晰。

1. *Oestrupia bicontracta* (Østrup) Lange-Bertalot & Krammer　图版149：15-16

Krammer & Lange-Bertalot, 1985, p. 108, Figs. 19-21.

壳面线形，有明显的三波形轮廓，中部最宽，末端呈钝圆形，壳面对称。长25.0~25.5 μm，宽8.0~9.0 μm。壳缝直线形，近壳缝末端略微膨大呈水滴形。中轴区狭窄，呈线形；中央区较小。线纹近平行排列，10 μm 内有14~15 条线纹。点纹粗，部分在光镜下可见。

分布：抚仙湖

羽纹藻属 *Pinnularia* Ehrenberg 1843

壳面呈线形、长椭圆形或披针形，末端呈喙状、宽圆形或头状，壳面两侧多为平行，壳面上下几乎对称。壳缝通常呈线形或弯曲，部分呈裂缝状，中央区呈矩形或菱形。线纹通常呈辐射状排列或平行排列。

1. *Pinnularia acrosphaeria* Rabenhorst　图版150：1-11

Rabenhorst, 1853, p. 45, Fig. 6：36；Krammer, 2000, p. 54, Figs. 19：1-6, 20：1-7, 22：1-6.

壳面线形，末端呈宽圆形，壳面上下几乎对称。长41.0~68.0 μm，宽7.5~11.0 μm。壳缝线形，朝向两端逐渐变窄，呈裂缝状，近壳缝末端呈点状，朝向同一侧近30°弯曲，远壳缝末端呈钩状。中轴区宽，呈线形-窄披针形，约占壳面1/2至2/3；中央区不明显。线纹呈轻微放射状排列，部分近平行排列，10 μm 内有11~12 条线纹。

分布：洱海

2. *Pinnularia borealis* Ehrenberg　图版150：12

Ehrenberg, 1843, p. 420, Figs. 4：I.5, 4：V.4；Krammer, 2000, p. 24, Figs. 6：5-10, 7：1-19, 8：1-14.

壳面线形-近椭圆形，末端呈宽圆形，壳面上下几乎对称。长47.5 μm，宽9.5 μm。壳缝线形，近壳缝末端呈水滴形，朝向同一侧偏转，远壳缝末端呈"?"形，朝向同一侧弯曲。中轴区线形，约占壳面1/3；中央区近圆形-菱形，约占壳面的2/3。线纹粗，间距大，在中央区轻微放射状排列，其余部分近平行排列，10 μm 内有5~6 条线纹。

分布：洱海

3. *Pinnularia divergentissima* var. *hustedtiana* Ross　图版150：13

Krammer, 2000, p. 44, Figs. 11：9-10, 13：2.

壳面近椭圆形-披针形，末端呈宽圆形，壳面上下几乎对称。长23.5 μm，宽5.0 μm。壳缝线形，近壳缝末端略微膨大，向同一侧弯曲，远壳缝末端呈弯钩状-喙状，朝向同一侧弯曲。中轴区狭窄，呈线形；中央区近菱形-矩形，延伸到壳缘。线纹粗，呈放射状排列，10 μm 内有8~13 条线纹。

分布：洱海

4. *Pinnularia erratica* Krammer　图版150：14-15

Krammer, 2000, p. 96, Fig. 73：2-8.

壳面线形-披针形，末端呈头形，壳面上下几乎对称。长27.5~35.0 μm，宽7.5~8.0 μm。壳缝线形，近壳缝末端呈小球状，朝向同一侧轻微偏转，远壳缝末端呈钩状，向同一侧弯曲。中轴区呈线形，朝向中央区逐渐变宽，约占壳面1/5至1/3；中央区近菱形-矩形，约占壳面宽度1/2。线纹密集，近平行排列，10 μm内有18~23条线纹。

分布：阳宗海

5. *Pinnularia microstauron* (Ehrenberg) Cleve　图版151：1-10

Krammer, 2000, p. 24, Figs. 16：10, 50：1-12, 51：4-18, 52：1-20, 55：1-6, 56：12.

壳面近椭圆形-近披针形，末端呈圆形-近头状，近末端两侧渐平行，壳面上下几乎对称。长36.5~64.5 μm，宽8.5~10.0 μm。壳缝线形，近壳缝末端呈水滴状，朝向同一侧轻微偏转，远壳缝末端朝向同一侧弯曲。中轴区呈线形，朝向中央区逐渐加宽，约占壳面1/2；中央区近菱形-矩形，延伸到壳缘。线纹呈放射状排列，10 μm内有9~11条线纹。

分布：洱海，星云湖

6. *Pinnularia obscura* Krasske　图版151：11-12

Krasske, 1932, p. 117, Fig. 3：22; Krammer, 2000, p. 50, Fig. 6：10-27.

壳面线形-近椭圆形，末端呈宽圆形-近头状，壳面上下几乎对称。长30.0 μm，宽5.0~5.5 μm。壳缝线形，近壳缝末端膨大呈水滴状，朝向同一侧轻微偏转，远壳缝末端呈"?"状，朝向同一侧弯曲。中轴区呈线形，朝向中央区略微加宽；中央区呈菱形-矩形，延伸到壳缘。线纹较粗，近平行排列，10 μm内有6~11条线纹。

分布：洱海

7. *Pinnularia parvulissima* Krammer　图版151：13

Krammer, 2000, p. 95, Figs. 65：9-10, 69：7-11.

壳面线形，末端呈宽圆形，壳面上下几乎对称。长74.0 μm，宽12.0 μm。壳缝线形，呈裂缝状，近壳缝末端略微膨大，向同一侧轻微偏转，远壳缝末端呈钩状。中轴区呈线形，朝向中央区略微加宽；中央区呈近菱形-矩形，几乎延伸到壳缘。线纹密集，朝向近中央区线纹略微放射状排列，末端的线纹轻微会聚，10 μm内有5~10条线纹。

分布：洱海

8. *Pinnularia pisciculus* Ehrenberg　图版151：14

Ehrenberg, 1843, p. 421 (133), Fig. 2/1：30; Krammer, 2000, p. 108, Figs. 83：13-14, 85：19-26.

壳面线形，末端近头状，壳面上下几乎对称。长35.5 μm，宽6.5 μm。壳缝线形，呈宽裂缝状，近壳缝末端线形，朝向同一侧轻微偏转，远壳缝末端呈钩状。中轴区朝向中央区略微加宽；中央区近菱形-矩形，延伸到壳缘。线纹朝向近中央区和末端放射状排列，10 μm内有6~12条线纹。

分布：洱海

9. *Pinnularia submicrostauron* Liu, Kociolek & Wang 图版 151：15

Liu et al., 2018, p. 78, Figs. 1-5; Krammer, 2000, p. 83, Fig. 59：17-12.

壳面线形-近披针形，末端呈宽圆形-近头状，壳面上下几乎对称。长 59.0 μm，宽 12.5 μm。壳缝略波形，呈窄裂缝状，近壳缝末端呈直线形，朝向同一侧轻微偏转，远壳缝末端近 S 形。中轴区线形，约占壳面 1/4 至 1/3；中央区近菱形，几乎延伸到壳缘。线纹朝向中央区和末端放射加强，10 μm 内有 8～11 条线纹。

分布：洱海

10. *Pinnularia subgibba* var. *undulata* Krammer 图版 151：16

Krammer, 1992, p. 127, 176-177, Figs. 46：5, 47：5; Krammer, 2000, p. 85, Figs. 64：4-8, 10-11, 66：3-7.

壳面线形-近披针形，近末端两侧渐平行，末端呈头形，壳面上下几乎对称。长 82.0 μm，宽 11.0 μm。壳缝线形，呈宽裂缝状，近壳缝末端呈水滴状，朝向同一侧轻微偏转，远壳缝末端呈钩状，向同一侧偏转。中轴区呈线形，朝向中央区逐渐加宽，约占壳面 1/2；中央区近菱形-矩形，延伸到壳缘。线纹呈放射状排列，10 μm 内有 9～11 条线纹。

分布：抚仙湖

11. *Pinnularia stidolphii* Krammer 图版 152：1-2

Krammer, 2000, p. 154, Figs. 134：1-7, 183：3.

壳面线形-近椭圆形，末端呈宽圆形，壳面上下几乎对称。长 97.5～102.0 μm，宽 16.5～18.0 μm。壳缝明显侧翻，呈窄裂缝状，近壳缝末端略微膨大呈小球状，朝向同一侧轻微偏转，远壳缝末端呈钩状，朝向同一侧弯曲。中轴区较宽，朝向中央区略微加宽，约占壳面 1/3；中央区近菱形，约占壳面宽度 1/3 至 1/2。线纹细，排列密集，大部分呈轻微放射状排列，其余近平行排列，10 μm 内有 8～9 条线纹。

分布：抚仙湖

12. *Pinnularia stomatophoroides* Mayer 图版 152：3-10

Mayer, 1939, p. 157, Fig. 1：14; Krammer, 2000, p. 126, Fig. 101：11.

壳面线形-近长椭圆形，末端呈尖圆形-宽圆形，壳面上下几乎对称。长 78.0～98.0 μm，宽 11.0～12.5 μm。壳缝线形，呈裂缝状，近壳缝末端呈逗号状，朝向同一侧轻微偏转，远壳缝末端近 S 形。中轴区线形，约占壳面 1/3 至 1/2；中央区呈近菱形，约占壳面宽度 2/3。线纹细，排列密集，朝向近中央区和末端放射加强，10 μm 内有 11～15 条线纹。

分布：洱海

13. *Pinnularia* sp. 图版 152：11

壳面线形-近披针形，末端呈宽圆形-头状，壳面上下几乎对称。长 58.5 μm，宽 7.0 μm。壳缝直线形，近壳缝末端轻微膨大，朝向同一侧轻微偏转，远壳缝末端呈"?"形。中轴区线形，较窄；中央区呈近菱形-矩形，延伸到壳缘。线纹朝向中央区和末端放射加强，其余部分近平行排列，两端有极短线纹分布，10 μm 内有 11～12 条线纹。

分布：阳宗海

盘状藻属 *Placoneis* Mereschkowsky 1903

壳面呈椭圆形、宽菱形或披针形，末端呈尖圆形、喙状或头状，壳面通常对称。壳缝直线形，中轴区狭窄，中央区呈矩形至圆形。线纹通常呈辐射状分布，中央区线纹末端多会聚。

1. *Placoneis densa* （Hustedt） Metzeltin, Lange-Bertalot & García-Rodríguez 图版 153：1-2

Hustedt，1944，p. 284，Fig. 28.

壳面近椭圆形-披针形，末端呈宽头状-喙状，壳面几乎对称。长 19.0~27.0 μm，宽 7.5~8.5 μm。壳缝线形，近壳缝末端略微膨大，远壳缝末端中央呈喙状。中轴区直线形，较窄；中央区呈圆形-菱形，约占壳面宽度 1/3。线纹朝向中央区呈辐射状排列，排列稀疏，末端近平行排列，10 μm 内有 11~14 条线纹。

分布：洱海

2. *Placoneis elginensis* （Gregory） Cox 图版 153：3-7

Cox，1987，p. 155，Figs. 20-27，34-35，45-46，51；李家英和齐雨藻，2018，p. 68，Fig. Ⅷ：6.

壳面近椭圆形-披针形，末端呈宽头状-喙状，壳面几乎对称。长 19.0~27.0 μm，宽 7.5~8.5 μm。壳缝线形，近壳缝末端略微膨大，远壳缝末端中央呈喙状。中轴区直线形，较窄；中央区呈圆形-菱形，约占壳面宽度 1/3。线纹朝向中央区呈放射状排列，排列稀疏，末端近平行排列，10 μm 内有 11~14 条线纹。

分布：洱海

3. *Placoneis gastrum* （Ehrenberg） Mayer 图版 153：8

Mereschkowsky，1903，p. 13，Fig. 1：17；李家英和齐雨藻，2018，p. 70-71，Figs. Ⅷ：7，XXX：18，XXXIII：2-4，XLII：16.

壳面近椭圆形-披针形，末端呈宽圆形，壳面几乎对称。长 45.0 μm，宽 17.5 μm。壳缝直线形，近壳缝末端略微膨大呈圆球状，远端壳缝末端朝向同一侧弯曲。中轴区较窄，呈直线形，从中部朝向两端轻微加宽；中央区较小，呈圆形，约占壳面宽度 1/4。线纹细，排列稀疏，朝向中央区呈放射状排列，中央区线纹末端轻微会聚，10 μm 内有 8~10 条线纹。点纹清晰。

分布：洱海，星云湖

4. *Placoneis maculata* （Hustedt） Levkov 图版 153：9-10

Hustedt，1945，p. 928，Fig. 40：16；Levkov et al.，2007. p. 111.

壳面近菱形-披针形，末端呈楔形，壳面几乎对称。长 28.5~41.0 μm，宽 12.5~17.0 μm。壳缝直线形，近壳缝末端略微膨大，远壳缝末端朝向同一侧略微偏转。中轴区直线形，较窄；中央区较小，呈菱形-椭圆形，约占壳面宽度 1/4 至 1/3。线纹较粗，朝向中央区呈放射状排列，中央区线纹末端会聚，10 μm 内有 9~11 条线纹。

分布：洱海，星云湖

5. *Placoneis macedonica* Levkov et Metzeltin 图版 153：11-15

Levkov et al.，2007，p. 110，Figs. 98：1-8，99：20-23.

壳面近椭圆形-披针形，末端呈宽圆形，壳面几乎对称。长 24.0~26.0 μm，宽 13.5 μm。壳缝直线形，近壳缝末端略微膨大，远端壳缝末端中央呈喙状。中轴区狭窄，呈直线形；中央区较小，近圆形，约占壳面宽度 1/4。线纹细，排列稀疏，朝向中央区呈放射状排列，中央区线纹末端轻微会聚，10 μm 内有 9~12 条线纹。点纹清晰。

分布：抚仙湖，泸沽湖

6. *Placoneis rhombelliptica* Metzeltin, Lange-Bertalot & García-Rodríguez 图版 154：1-8

Metzeltin et al., 2005, p. 193-194, Figs. 71：16-23, 76：2.

壳面宽菱形-披针形，末端呈尖圆形，壳面几乎对称。长 17.5~23.5 μm，宽 8.5~11.5 μm。壳缝直线形，近壳缝末端略微膨大，远壳缝末端中央略呈喙状。中轴区狭窄，直线形；中央区较小。线纹朝向中央区呈放射状排列，中央区线纹末端会聚，10 μm 内有 13~14 条线纹。

分布：抚仙湖

7. *Placoneis signatoides* Metzeltin et Levkov 图版 154：9-15

Levkov et al., 2007, p. 114, Fig. 90：2-9.

壳面近椭圆形-披针形，末端呈尖圆形-喙状，壳面几乎对称。长 18.5~25.0 μm，宽 8.5~11.0 μm。壳缝直线形，近壳缝末端略微膨大，远端壳缝末端中央呈喙状。中轴区窄，呈直线形；中央区较小，近椭圆形-矩形，约占壳面宽度 1/3 至 1/4。线纹朝向中央区呈放射状排列，中央区线纹末端轻微会聚，10 μm 内有 14~15 条线纹。

分布：抚仙湖

8. *Placoneis undulata* (Østrup) Lange-Bertalot 图版 155：1-7

Rumrich et al., 2000, p. 212, Fig. 60：11-12.

壳面近椭圆形-披针形，壳面轮廓呈轻微波形，末端呈近喙状-小头状，壳面几乎对称。长 36.0 μm，宽 15.5 μm。壳缝直线形，近壳缝末端略微膨大，远端壳缝末端中央呈喙状。中轴区窄，呈直线形；中央区近椭圆形，约占壳面宽度 1/3 至 1/2。线纹朝向中央区放射增强，中央区线纹末端略微会聚，10 μm 内有 11~13 条线纹。点纹清晰。

分布：洱海

9. *Placoneis* sp. 图版 155：8-11

壳面椭圆形-披针形，末端呈钝圆状，壳面上下几乎对称。长 66.5~75.0 μm，宽 17.5~22.5 μm。壳缝波形，明显侧翻，近壳缝末端略微膨大呈小球状，远壳缝末端呈弯钩状，朝向同一侧偏转。中轴区波形，较宽，约占壳面 1/5 至 1/4；中央区呈菱形-椭圆形，约占壳面宽度 1/2。线纹细，朝向中央区呈放射状排列，中央区线纹长短不一，10 μm 内有 9~13 条线纹。点纹清晰。

分布：洱海

类辐节藻属 *Prestauroneis* Bruder & Medlin 2008

壳面呈披针形至椭圆形，末端呈宽圆形或近头状。壳缝直线形，中轴区狭窄，中央区较小呈圆形至菱形。线纹多为辐射状分布或近平行排列，中部两侧线纹较稀疏。

1. *Prestauroneis lowei* Liu, Wang & Kociolek　图版156：1-11

Liu et al., 2014, p. 136-137, Figs. 11-21；李家英和齐雨藻，2018, p. 75, Fig, XXXIV：8-17sa.

壳面近椭圆形-披针形，末端呈宽圆形-近头状，壳面不对称。长18.0~28.5 μm，宽7.0~8.5 μm。壳缝直线形，近壳缝末端略微膨大，远端壳缝末端呈镰刀状，朝向同一侧近90°偏转。中轴区窄，呈直线形；中央区较小，近圆形，约占壳面宽度1/4至1/3。线纹朝向中央区放射增强，近末端渐平行，中央区长短线纹交替排列，排列稀疏，10 μm内有13~17条线纹。

分布：杞麓湖

鞍型藻属 *Sellaphora* Mereschkowsky 1902

壳面呈线形、披针形或椭圆形，末端呈宽圆形、头状或喙状等。壳缝呈直线形或弯曲，中轴区直线形或波形，中央区呈圆形、菱形或椭圆形。线纹通常辐射状排列。部分种在靠近中轴区存在不同宽度的冠层。

1. *Sellaphora americana* (Ehrenberg) Mann　图版157：1

Metzeltin et al., 2005, p. 370, Fig. 63：1-2.

壳面线形-椭圆形，末端呈圆状，壳面对称。长53.0 μm，宽12.5 μm。壳缝波形，近壳缝末端呈逗号状，朝向同一侧偏转，远壳缝末端呈水滴状。中轴区狭窄，丝状；中央区呈椭圆形，约占壳面宽度1/3。线纹朝向末端放射增强，中央区线纹较短，近平行排列，10 μm内线纹有16~19条。靠近中轴区存在明显的冠层，约占壳面1/3至1/2。

分布：洱海

2. *Sellaphora fuxianensis* Li　图版157：2-17

Li et al., 2010a, p. 65, Figs. 1-19.

壳面长椭圆形-近披针形，末端呈宽圆形，壳面几乎对称。长9.5~20.5 μm，宽4.5~5.5 μm。壳缝线形，近壳缝末端略微呈细孔状，朝向同一侧轻微偏转。中轴区狭窄，呈直线形；中央区不规则，呈领结形-椭圆形，约占壳面宽度1/3至2/3。线纹朝向中部放射增强，中央区线纹较短，10 μm内线纹有26~31条。

分布：抚仙湖

3. *Sellaphora laevissima* (Kützing) Mann　图版157：18-20

Mann, 1989, p. 2, Figs. 3, 41, 47-48；Campeau et al., 1999, p. 132, Fig. 26：14-16.

壳面线形-椭圆形，末端呈宽圆状，壳面几乎对称。长20.0~30.0 μm，宽7.5~8.0 μm。壳缝线形，近壳缝末端轻微膨大。中轴区直线形；中央区呈蝶形，约占壳面2/3。线纹朝向中部放射增强，中央区线纹较短，排列稀疏，10 μm内线纹有18~20条。两端有极节存在。

分布：抚仙湖

4. *Sellaphora lapidosa* (Krasske) Lange-Bertalot in Lange-Bertalot & Metzeltin　图版157：21-24

Krammer & Lange-Bertalot，1986，p. 203，Fig. 73：4-7.

壳体小，壳面线形-宽披针形，末端呈宽圆形，壳面几乎对称。长 9.5~16.0 μm，宽 5.0~7.0 μm。壳缝线形，近壳缝末端略微膨大，远壳缝末端中央呈喙状。中轴区直线形；中央区呈圆形，约占壳面宽度 1/3 至 1/2。线纹朝向中部放射增强，中央区线纹末端会聚，10 μm 内线纹有 21~23 条。两端有明显的极节。

分布：抚仙湖

5. *Sellaphora mongolocollegarum* Metzeltin & Lange-Bertalot 图版 158：1-8

Metzeltin et al.，2009，p. 95，Fig. 59：1-7.

壳面线形-椭圆形，末端呈圆状，壳面对称。长 32.5~56.0 μm，宽 10.5~12.5 μm。壳缝线形，近壳缝末端膨大呈水滴状，远壳缝末端呈钩状。中轴区直线形；中央区小，呈椭圆形-近菱形。线纹呈波形，朝向中部放射增强，中央区线纹较短，排列较稀疏，10 μm 内线纹有 15~19 条。靠近中轴区存在明显的冠层，约占壳面 1/4 至 1/3。

分布：洱海，抚仙湖，泸沽湖，杞麓湖

6. *Sellaphora pseudobacillum* (Grunow) Lange-Bertalot & Metzeltin 图版 158：9-10

Metzeltin et al.，2009，p. 100，Fig. 59：8-14.

壳面长椭圆形-近披针形，末端呈宽圆形，壳面几乎对称。长 22.5~31.5 μm，宽 8.0~8.5 μm。壳缝线形，近壳缝末端略微膨大，远壳缝末端呈钩状。中轴区狭窄，呈直线形；中央区呈圆形，约占壳面宽度 1/3。线纹近平行排列，10 μm 内线纹有 22~23 条。冠层狭窄。

分布：泸沽湖

7. *Sellaphora pseudomutaoides* Levkov et Metzeltin 图版 158：11

Levkov et al.，2007，p. 123，Figs. 10-19.

壳面线形-近披针形，末端近头状，壳面几乎对称。长 33.0 μm，宽 8.5 μm。壳缝线形，近壳缝末端略微膨大，远壳缝末端中央呈喙状。直线形；中央区呈领结形-近矩形，约占壳面宽度 2/3。线纹略微波形，呈辐射状排列，末端略微会聚，10 μm 内线纹有 20~24 条。两端有明显的极节。

分布：洱海

8. *Sellaphora perobesa* Metzeltin，Lange-Bertalot & Soninkhishig 图版 159：1-9

Metzeltin et al.，2009，p. 98，Fig. 61：1-7.

壳面线形-近披针形，末端呈宽圆形-亚头状，壳面几乎对称。长 27.5~41.5 μm，宽 7.5~10.5 μm。壳缝线形，近壳缝末端略微膨大，远壳缝末端中央呈喙状。中轴区狭窄，线形；中央区呈领结形-近矩形，约占壳面宽度 3/4。线纹朝向中部放射增强，10 μm 内线纹有 18~23 条。两端有明显的极节。

分布：滇池，洱海，杞麓湖

9. *Sellaphora pseudoventralis* (Hustedt) Chudaev & Gololobova 图版 159：10-27

Chudaev & Gololobova，2015，p. 254，Figs. 1-16.

壳体小，壳面线形-宽披针形，末端呈钝圆形-头状，壳面几乎对称。长 8.0~15.5 μm，宽 4.0~5.5 μm。壳缝线形，近壳缝末端略微膨大。中轴区直线形；中央区呈圆形-近菱形，约占壳面宽度 1/3 至 2/3。线纹朝向中部放射增强，末端近平行排列，中央区线纹较短，10 μm 内线纹有 22~23 条。

分布：异龙湖

10. *Sellaphora sinensis* Li & Metzeltin　图版 160：1-8

Li et al., 2010b, p. 1162, Figs. 11-20.

壳面椭圆形-宽披针形，末端呈尖圆形，壳面几乎对称。长 78.0~103.0 μm，宽 35.5~41.0 μm。壳缝线形，近壳缝末端呈细孔状，朝向同一侧轻微偏转，远壳缝末端近 S 形。中轴区狭窄；中央结节呈椭圆形，约占壳面宽度 1/4。线纹密集，朝向末端辐射更强，10 μm 内线纹有 8~13 条。靠近中轴区存在明显的冠层，约占壳面 1/4 至 1/3。

分布：抚仙湖

11. *Sellaphora rectangularis* (Gregory) Lange-Bertalot & Metzeltin　图版 161：1-21

Lange-Bertalot & Metzeltin, 1996, p. 102-103, Figs. 25：10-12, 125：7.

壳面线形-椭圆形，末端呈宽圆形，壳面几乎对称。长 25.5~41.0 μm，宽 7.0~9.0 μm。壳缝线形，近壳缝末端略微膨大，朝向同一侧轻微偏转，远壳缝末端略微膨大。中轴区狭窄，呈直线形；中央区不规则，呈圆形-近矩形，约占壳面宽度 1/3 至 1/2。线纹朝向中部放射增强，末端近平行排列，中央区线纹末端略会聚，10 μm 内线纹有 21~23 条。

分布：洱海，抚仙湖，星云湖

12. *Sellaphora rotunda* (Hustedt) Wetzel, Ector, Van de Vijver, Compère & Mann　图版 161：22-28

Krammer & Lange-Bertalot, 1986, p. 586, Fig. 73：23-24.

壳体小，壳面椭圆形-近宽披针形，末端呈宽圆形，壳面几乎对称。长 11.0~17.0 μm，宽 6.0~7.0 μm。壳缝线形，近壳缝末端略微膨大，远壳缝末端中央呈喙状。中轴区直线形；中央区呈圆形-近菱形，约占壳面宽度 1/4 至 1/3。线纹朝向中部放射增强，中央区线纹末端略会聚，10 μm 内线纹有 21~22 条。

分布：杞麓湖

13. *Sellaphora subpupula* Levkov et Nakov　图版 161：29

Levkov et al., 2007, p. 124, Figs. 107：9-15, 108：2.

壳面线形-近披针形，末端略微延伸呈头状，壳面对称。长 21.5 μm，宽 6.5 μm。壳缝线形，近壳缝末端呈水滴状，远壳缝末端中央呈喙状。中轴区直线形；中央区呈领结形，约占壳面宽度 1/3。线纹朝向中部放射增强，中央区线纹末端略会聚，10 μm 内线纹有 20~23 条。两端有明显的极节。

分布：抚仙湖

14. *Sellaphora yunnanensis* Li & Metzeltin　图版 162：1-12

Li et al., 2010b, p. 1160-1163, Figs. 1-10.

壳面椭圆形-宽披针形，末端呈尖圆形，壳面对称。长 42.5~75.5 μm，宽 18.5~23.5 μm。壳缝直线形，近壳缝末端呈细孔状，远壳缝末端呈钩状。中轴区丝状；中央区呈椭圆形，约占壳面宽度 1/5。线纹呈放射状排列，10 μm 内线纹有 9~12 条。靠近中轴区存在明显的冠层，约占壳面 1/5 至 1/4。

15. *Sellaphora* sp. 1　图版 163：1-9

壳面椭圆形-宽披针形，末端呈尖圆形-宽圆形，壳面几乎对称。长 29.5~55.5 μm，宽 11.5~18.0 μm。壳缝线形，近壳缝末端略微膨大，朝向同一侧轻微偏转。中轴区狭窄；中央结节小，呈椭圆形，约占壳面宽度 1/6。线纹密集排列，朝向中部放射增强，10 μm 内线纹有 14~16 条。靠近中轴区存在明显的冠层，约占壳面 1/4 至 1/3。

分布：抚仙湖

16. *Sellaphora* sp. 2　图版 163：10-21

壳面线形-近披针形，末端呈宽圆形-头状，壳面几乎对称。长 13.5~24.0 μm，宽 4.5~5.0 μm。壳缝线形，近壳缝末端略微膨大呈孔形，远壳缝末端中央呈喙状。中轴区狭窄，直线形；中央区不规则，呈蝴蝶结形，几乎延伸到壳缘。线纹密集，朝向中部放射更强，10 μm 内线纹有 25~26 条。

分布：抚仙湖

辐节藻属 *Stauroneis* Ehrenberg 1843

壳面呈舟形、椭圆形、披针形或菱形，末端呈喙状、头状或钝圆形。壳缝线形，中轴区狭窄，中央区延伸到壳缘形成一个明显的横带，通常呈蝴蝶结形或矩形。线纹呈辐射状排列或平行状排列。部分种具有假隔膜。

1. *Stauroneis subgracilis* Lange-Bertalot & Krammer　图版 163：22

Lange-Bertalot & Genkal，1999，p. 96，Fig. 29：1-7.

壳面舟形-宽披针形，较平坦，末端呈喙状-近小头状，壳面几乎对称。长 78.0 μm，宽 20.0 μm。壳缝线形，呈窄裂缝状，近壳缝末端略微膨大呈小球状，远壳缝末端近钩状。中轴区较宽，约占壳面 1/5；中央区呈蝴蝶结形。线纹密集排列，朝向末端放射增强，10 μm 内线纹有 15~17 条。点纹清晰。

分布：杞麓湖

管壳缝目（Auloraphidinales）

窗纹藻科（Epithemiaceae）

窗纹藻属 *Epithemia* Kützing 1844

壳面呈弓形，具明显的背腹之分，末端呈宽圆或钝圆。壳缝系统离心，位于腹侧，多为双弧形，在中部弯向背侧。线纹一般单排，横肋纹粗壮，贯穿壳面背腹两侧，具龙骨突。

1. *Epithemia adnata* (Kützing) Brebisson　图版 164：1-14

王全喜，2018，p. 84，Fig. LXV：1-2.

壳面新月形，略弯曲，背侧凸出，腹侧略凹入，末端不延长，呈圆形。长 33.5~54.5 μm，宽 9.0~11.5 μm。壳缝位于腹侧边缘，呈 V 形，壳缝两分支常形成约 120°的钝角。肋纹放射状排列，10 μm 内肋纹有 13~14 条。

分布：洱海，杞麓湖

2. *Epithemia argus* (Ehrenberg) Kützing　图版 165：1

Kützing, 1844, p. 35, Fig. 22: 55-56; 王全喜, 2018, p. 76, Fig. LXVII: 1-4.

壳面背侧明显凸出，腹侧略凹入，末端呈钝圆。长 12.5 μm，宽 6.5 μm。壳缝在壳面的中部弯向背侧，呈 V 形，壳缝两分支常形成直角。肋纹呈放射状排列，10 μm 内肋纹有 12~14 条。

分布：泸沽湖，阳宗海

3. *Epithemia frickei* Krammer　图版 165：2-3

王全喜, 2018, p. 79, Fig. LXIX: 6-8.

壳面背侧凸出，腹侧近乎平直，在中部凹入，末端呈钝圆，与壳面主体不分开。长 27~29 μm，宽 8~9 μm。壳缝几乎全部位于腹侧边缘，在中部略弯向背侧。肋纹略微呈放射状排列，10 μm 内肋纹有 14~15 条。

分布：阳宗海

4. *Epithemia goeppertiana* Hilse　图版 165：4-9

Krammer & Lange-Bertalot, 1988, nachdr. 1997, p. 150, Fig. 103: 6-9.

壳面背侧略凸出，腹侧近平直，在中部略微凹入，末端钝圆形。长 28.5~47.0 μm，宽 8.0~11.5 μm。壳缝几乎位于腹侧边缘，呈 V 形，两分支常形成直角或钝角。肋纹近平行或略微呈放射状排列，10 μm 内肋纹有 13~15 条。

分布：洱海

5. *Epithemia turgida* (Ehrenberg) Kützing　图版 165：10-11

Kützing, 1844, p. 24, Fig. 5: 14; 王全喜, 2018, p. 82, Fig. LXXIV: 1-7.

壳面背侧弓形弯曲，腹侧近平直或略凹入，末端不延长，呈钝圆。长 43.14~45.95 μm，宽 7.71~10.84 μm。壳缝大部分位于腹侧边缘，特别是在靠近两端的部分，呈 V 形。肋纹略呈放射状排列，10 μm 内肋纹有 11~13 条。

分布：洱海，阳宗海

6. *Epithemia turgida* f. *typica* Mayer　图版 166：1-5

Mayer, 1936, p. 91, Fig. 2: 8-14.

壳面背侧弯曲呈弓形，腹侧凹入，末端延长呈喙状，明显朝壳面背侧反曲。长 48.5~77.0 μm，宽 12.0~15.0 μm。壳缝几乎位于腹侧边缘，呈 V 形，两分支常形成直角或钝角。肋纹呈放射状排列，10 μm 内肋纹有 9~10 条。

分布：杞麓湖，阳宗海

7. *Epithemia turgida* var. *granulata* (Ehrenberg) Brun　图版 167：1-21

Brun, 1880, p. 44, Fig. 2: 13; 王全喜, 2018, p. 83, Fig. LXXII: 7-9.

壳面背侧略呈弓形弯曲，腹侧略凹入，两侧边缘几乎平行，末端延长呈喙状或头状，向壳面背侧反曲。长 73.5~133.5 μm，宽 13.5~17.0 μm。壳缝大部分位于腹侧边缘处，在中部向背侧弯曲吗，呈 V 形。肋纹略呈放射状排列，10 μm 内肋纹有 8~9 条。

分布：洱海，异龙湖

8. *Epithemia sorex* Kützing　图版 168：1-31，图版 169：1-29

Kützing, 1844, p. 33, Fig. 5/12：5a-c；王全喜, 2018, p. 80, Figs. LXX：6-7, LXXI：1-18.

壳面强烈具背腹之分，背侧明显凸起，腹侧近平直或在中部略凹入，末端变窄，呈喙状或头状，朝壳面背侧明显反曲，反曲主要是背侧边缘弯曲造成的。长 14.5~48.0 μm，宽 7.0~10.5 μm。壳缝呈双弧形，在壳面中部向背侧弯曲。肋纹呈放射状排列，10 μm 内肋纹有 12~14 条。

分布：滇池，洱海，程海，泸沽湖，异龙湖，杞麓湖

9. *Epithemia sorex* f. *globosa* Allorge & Manquin　图版 170：1-12

Allorge & Manguin, 1941, p. 186, Fig. 109.

壳面具背腹之分，背侧凸起形成弓形，腹侧在中部凹入，末端延长呈头状，朝壳面背侧略反曲，反曲主要是由于背侧边缘弯曲造成的。长 34.0~39.5 μm，宽 8.5~10.0 μm。壳缝大部分位于腹侧边缘，在壳面中部向背侧弯曲，呈 V 形。肋纹呈放射状排列，10 μm 内肋纹有 12~13 条。

分布：滇池，洱海，泸沽湖，杞麓湖，阳宗海

10. *Epithemia sorex* var. *gracilis* Hustedt　图版 171：1-28

Hustedt, 1922, p. 237, Fig. 3：4；王全喜, 2018, p. 81, Fig. LXXIII：6.

壳面具背腹之分，背侧明显凸起，腹侧略凹入，末端变窄，略延长呈喙状，明显朝壳面背侧反曲。长 34.5~60.0 μm，宽 6.5~9.0 μm。壳缝呈双弧形，在中部向背侧弯曲。肋纹呈放射状排列，10 μm 内肋纹有 12~13 条。

分布：泸沽湖，异龙湖，杞麓湖，阳宗海

棒杆藻属 *Rhopalodia* Müller 1895

壳体等极或异极，壳面呈弓形、新月形、披针形或披针形，末端呈头状、尖圆形至楔形头状，有明显的背腹之分，壳面多为上下对称。肋纹清晰，延伸到整个壳面。具有壳缝系统。

1. *Rhopalodia gibba* (Ehrenberg) Müller　图版 172：1-3

Müller, 1895, p. 65, Fig. 1：15-17；王全喜, 2018, p. 89, Figs. LXXV：1-5.

壳体等极，壳面长弓形，背侧中部向腹侧轻微凹陷；两端向腹侧偏转，逐渐狭窄，呈尖圆形-楔形，壳面上下几乎对称。长 78.0~107.0 μm，宽 9.5~11.0 μm。肋纹清晰，延伸到整个壳面，中部平行排列，近末端呈放射状排列，10 μm 内肋纹有 7~9 条。线纹在光镜下不清晰。带面近宽披针形。

分布：泸沽湖，杞麓湖，阳宗海

2. *Rhopalodia gibba* var. *jugalis* Bonadonna　图版 172：4-7

Bonadonna, 1964, p. 399, Fig. 15.

壳体等极，壳面弓形，腹侧呈轻微波形，背侧中部向腹侧轻微凹陷；两端向腹侧偏转，呈楔形，壳面上下几乎对称。长 43.0~59.5 μm，宽 10.0~10.5 μm。肋纹清晰，延伸到整个壳面，中部平行排列，近末端呈放射状排列，10 μm 内肋纹有 7~9 条。线纹在

光镜下不明显。带面近椭圆形-宽披针形。与原变种区别在于：壳体更小，背侧更弯曲。

分布：洱海

3. *Rhopalodia gibba* var. *minuta* Krammer　图版173：1-4

Lange-Bertalot & Krammer, 1987, p. 79-80, Fig. 45：1-6.

壳体等极，壳面弓形，背侧中部向腹侧轻微凹陷；两端向腹侧偏转，呈楔形，壳面上下几乎对称。长33.0~58.0 μm，宽7.5~10.0 μm。肋纹紧密、清晰，延伸到整个壳面轻微放射状排列，10 μm内肋纹有16~17条。线纹在光镜下不清晰。带面近椭圆形-宽披针形。与原变种区别在于：壳体更宽，腹侧呈轻微波形。

分布：阳宗海

4. *Rhopalodia gracilis* Müller　图版173：5-8

Müller, 1895, p. 63, Figs. I：8-12, II：5-6；王全喜, 2018, p. 93, Figs. LXXVII：1-2.

壳体等极，壳面长弓形，背侧中部向腹侧略微缢缩；两端向腹侧偏转，呈楔形-尖圆形，壳面上下几乎对称。长50.5~108.0 μm，宽8.0~9.0 μm。肋纹紧密、清晰，延伸到整个壳面，排列紧密，中部平行排列，朝向末端放射增强，10 μm内肋纹有13~15条。线纹在光镜下不清晰。带面近椭圆形-宽披针形。

分布：滇池，杞麓湖，阳宗海

5. *Rhopalodia operculata* (Agardh) Hakansson　图版173：9

Metzeltin et al., 2005, Fig. 193：8-9.

壳面新月形，背侧中部向腹侧略微缢缩，背侧呈弧形弯曲；两端向腹侧偏转，呈楔形-尖圆形，壳面上下几乎对称。长28.0 μm，宽7.5~8.0 μm。肋纹清晰、排列紧密，延伸到整个壳面，朝向末端放射更强，10 μm内肋纹有4~6条。线纹清晰，两条肋纹之间的线纹有3~5条。带面近椭圆形-披针形。

分布：阳宗海

菱形藻科（Nitzschiaceae）

细齿藻属 Denticula Kützing 1844

壳面线形或披针形，有时呈椭圆形，末端尖圆或钝圆，或略延伸呈喙状。壳缝有或无中缝端。壳缝系统靠近中轴，龙骨突块状，包围着壳缝系统，延伸贯穿整个壳面形成隔片（肋纹），隔片之间为线纹。隔片在整个壳面内可见。

1. *Denticula kuetzingii* Grunow　图版174：1-2

Grunow, 1862, p. 546, 548, Fig. XVIII：15, 27；王全喜, 2018, p. 69, Figs. LXII：15-17, LXIII：1-28, LXIV：1-5.

壳面线状披针形，末端略呈尖圆形。长16.5~30.0 μm，宽5.0~6.0 μm。肋纹和点纹明显，10 μm内肋纹有13~15条。

分布：星云湖

菱板藻属 *Hantzschia* Grunow 1877

壳面呈弓形、新月形、近 S 形，末端呈小头状或略微延长呈长喙状，有明显的背腹之分。具壳缝系统，龙骨在壳面一侧的边缘突起。横线纹一般近平行排列。

1. *Hantzschia abundans* Lange-Bertalot　图版 174：3-7

Lange-Bertalot，1993，p. 75-76，Figs. 85：12-18，89：1-6，90：1-6，92：1；王全喜，2018，p. 58，Fig. XXXVII：1-3.

壳面弓形，末端呈小头状，背侧略微弯曲，腹侧在中部向背侧凹陷，壳面上下对称。长 26.5~43.0 μm，宽 5.0~6.5 μm。横线纹分布密集，略微弯曲，10 μm 内线纹有 20~24 条。龙骨突明显，大小不规则，10 μm 内有 7~9 个。

分布：星云湖

2. *Hantzschia amphioxys* (Ehrenberg) Grunow　图版 174：8-11

王全喜，2018，p. 59，Fig：XXXIV：1-12.

描述：壳体较小，壳面近弓形，末端呈小头状，背侧略微弯曲，腹侧在中部向背侧凹陷，壳面上下对称。长 26.5~43.0 μm，宽 5.0~6.5 μm。横线纹分布密集，近平行排列，10 μm 内线纹有 23~25 条。龙骨突明显，大小不规则，10 μm 内有 8~9 个。

分布：洱海

3. *Hantzschia barckhausenii* Lange-Bertalot & Metzeltin　图版 174：12-13

Lange-Bertalot & Metzeltin，1996，p. 75，Figs. 66：16-18，67：1-2；王全喜，2018，p. 54，Fig. XXXIX：1-6.

壳体长，壳面近新月形，末端略微延长呈小头状-长喙状，背侧略微弯曲，腹侧在中部向背侧凹陷，壳面上下对称。长 92.5 μm，宽 10.0 μm。横线纹细，分布密集，近平行排列，10 μm 内线纹有 16~18 条。龙骨突明显，大小基本一致，10 μm 内有 8~10 个。

分布：洱海

菱形藻属 *Nitzschia* Hassall 1845

壳面呈线形、纺锤形、披针形或 S 形，末端呈尖圆形、近小头状或延伸呈长喙状，壳面通常上下对称。线纹排列密集，通常近平行排列。具有壳缝系统，位置变化大，具有龙骨突。

1. *Nitzschia amphibia* Grunow　图版 175：1-24

Grunow，1862，p. 574，Fig. 20：23；王全喜，2018，p. 42，Fig. XXVIII：1-10.

壳面线形-披针形，末端呈尖圆形-小头状，壳面上下几乎对称。长 13.0~49.0 μm，宽 4.0~5.0 μm。线纹密集，平行排列，10 μm 内线纹有 17~19 条。龙骨突明显，中部两个间距大，10 μm 内有 7~8 个。

分布：洱海，程海，异龙湖

2. *Nitzschia acicularis* (Kützing) Smith　图版 176：1-2

Smith，1853a，p. 43，Fig. 15：122；王全喜，2018，p. 46，Fig. XXXIII：4-6.

壳面纺锤形，末端明显延伸呈长喙状，壳面几乎对称。长 50.5~53.5 μm，宽 3.0 μm。

线纹在光镜下不明显。龙骨突在光镜下不清晰。

分布：杞麓湖

3. *Nitzschia archibaldii* Lange-Bertalot　　图版 176：3-12

Lange-Bertalot et al., 1980b, p. 44-45, Figs. 11-14, 115-121.

壳面线形-披针形，两端延伸呈长喙状-小头状，部分种一端更细长，壳面不对称。长 26.0~41.0 μm，宽 2.5~3.0 μm。线纹密集，平行排列，在光镜下不明显。龙骨突呈点状，10 μm 内有 12~13 个。

分布：泸沽湖

4. *Nitzschia capitellata* Hustedt　　图版 176：13

Hustedt, 1930, p. 414, Fig. 792；朱蕙忠和陈嘉佑, 2000, p. 259, Fig. 51：9.

壳面线形-披针形，末端略微延伸呈喙状-小头状，壳面中部通常略微向内凹陷，壳面上下几乎对称。长 68.0 μm，宽 6.0 μm。10 μm 内线纹有 25~26 条。龙骨突排列紧密，呈点状，10 μm 内有 10~11 个。

分布：异龙湖

5. *Nitzschia clausii* Hantzsch　　图版 176：14-18

Hantzsch, 1860, p. 40, Fig. 6：7；王全喜, 2018, p. 21, Fig. VIII：9-13.

壳面线形，壳面轮廓近 S 形，末端略微延伸呈喙状-小头状，两端朝向不同方向弯曲，壳面中部有龙骨突的一侧略微缢缩，壳面不对称。长 43.0 μm，宽 5.0 μm。线纹在光镜下不明显。龙骨突清晰，中部两个间距大，10 μm 内有 8~10 个。

分布：星云湖

6. *Nitzschia delognei* (Grunow) Lange-Bertalot　　图版 177：1-13

Van Heurck, 1880, p. 184, Fig. C：38.

壳面线形-披针形，末端略微延伸呈小头状，壳面上下几乎对称。长 13.0~27.0 μm，宽 5.0~6.5 μm。线纹近平行排列，10 μm 内有 18~19 条线纹。点纹清晰，排列不规则。肋纹清晰，延伸到壳面 1/3 位置，10 μm 内有 16~19 条。

分布：杞麓湖，异龙湖

7. *Nitzschia eglei* Lange-Bertalot　　图版 177：14

Lange-Bertalot & Krammer, 1987, p. 15, Figs. 1-3；王全喜, 2018, p. 16, Fig. V：1-9.

壳体细长，壳面线形，壳面轮廓接近 S 形，末端延伸呈小头状，壳面明显不对称。长 133.5 μm，宽 7.0 μm。线纹在光镜下不清晰。龙骨突均匀排列，10 μm 内有 10~11 个。

分布：杞麓湖

8. *Nitzschia ferrazae* Cholnoky　　图版 177：15-16

Cholnoky, 1968, p. 255, Fig. 18.

壳体细长，壳面线形，末端呈头状。长 133.0~140.5 μm，宽 4.0~6.5 μm。10 μm 内有 21~24 条线纹。龙骨突均匀排列，10 μm 内有 8~10 个。

分布：洱海，异龙湖

9. *Nitzschia filiformis* Heurck　　图版 177：17

Van Heurck, 1896, p. 406, Fig. 33：882；王全喜, 2018, p. 20, Fig. VIII：1-7.

壳面线形，壳面轮廓接近 S 形，中部略宽于末端，末端呈小头状。长 109.5 μm，宽 6.0 μm。线纹在光镜下不明显。龙骨突细小，均匀排列，10 μm 内有 7~9 个。

分布：滇池，程海

10. Nitzschia fonticola Grunow　图版 177：18-21

王全喜，2018，p.42，Fig. XXVIII：11-20.

壳面线形-披针形，末端呈尖圆形-近小头状，壳面上下几乎对称。长 10.0~14.5 μm，宽 3.5~4.0 μm。线纹密集，平行排列，10 μm 内线纹有 22~23 条。龙骨突明显，间距大，10 μm 内有 11~12 个。

分布：滇池，杞麓湖

11. Nitzschia fruticosa Hustedt　图版 177：22-27

Hustedt，1957，p.349，Figs. 81-82；王全喜，2018，p.39，Fig. XXVII：12-14.

壳面线形，中部两侧几乎平行，末端略微延伸呈小头状。长 74.0~120.5 μm，宽 5.0~6.0 μm。10 μm 内有 24~25 条线纹。龙骨突小，均匀排列，10 μm 内有 10~12 个。

分布：杞麓湖

12. Nitzschia gracilis Hantzsch　图版 178：1-13

王全喜，2018，p.37，Fig. XXIX：1-11.

壳面窄线形，朝向两端逐渐变尖，末端延长呈长喙状。长 45.0~98.5 μm，宽 3.0~3.5 μm。线纹密集，在光镜下不清晰。龙骨突小，排列紧凑，10 μm 内有 13~15 个。

分布：洱海，杞麓湖，阳宗海

13. Nitzschia gessneri Hustedt　图版 178：14-15

Hustedt，1953a，p.632，Figs. 3-7；王全喜，2018，p.44，Fig. XXX：1-16.

壳面线形，中部有龙骨突的一侧边缘向内略微凹陷，朝向两端有逐渐变尖的趋势，末端略微延伸呈小头状。长 31.5~38.0 μm，宽 3.5 μm。线纹密集，平行排列，10 μm 内 28~30 条线纹。龙骨突清晰，排列均匀，10 μm 内有 9~11 个。

分布：洱海

14. Nitzschia goetzeana var. gracilior Hustedt　图版 178：16-24

Krammer & Lange-Bertalot，1988，p.88，Fig. 61：6.

壳面线形，中部两侧几乎平行，末端略微延伸呈长喙状。长 37.5~75.0 μm，宽 4.0~5.5 μm。线纹排列紧密，10 μm 内有 24~26 条线纹。龙骨突清晰，排列均匀紧凑，10 μm 内有 9~15 个。

分布：杞麓湖

15. Nitzschia intermedia Hantzsch　图版 179：1-6

Novelo et al.，2007，p.73，Fig. 17：6.

壳体较长，壳面线形，朝向两端逐渐变尖，末端呈喙状。长 47.5~130.0 μm，宽 4.0~6.5 μm。线纹密集排列，10 μm 内有 23~24 条线纹。龙骨突清晰，排列紧凑，10 μm 内有 10~13 个。

分布：程海

16. Nitzschia linearis Smith　图版 179：7-10

Smith，1853a，p.39，Figs. XIII：110，XXXI：110；王全喜，2018，p.30，Fig. XIX：

1-8.

壳体较长，壳面线形，末端延伸呈小头状，近末端的一侧略微向内凹陷。长 100.5 ~ 116.5 μm，宽 5.0 ~ 6.0 μm。线纹密集排列，在光镜下不易看清。龙骨突清晰，排列紧凑，10 μm 内有 5 ~ 10 个。

分布：洱海

17. *Nitzschia monachorum* Lange-Bertalot　图版 179：11

Lange-Bertalot & Krammer, 1987, p. 35-39, Figs. 1-6；王全喜, 2018, p. 32, Fig. XXIV：14-15.

壳面线形-窄披针形，末端略微延伸呈喙状-小头状。长 74.0 μm，宽 7.0 μm。线纹在光镜下不清晰。龙骨突排列不规则，呈肋状，10 μm 内有 11 ~ 13 个。

分布：抚仙湖

18. *Nitzschia palea* (Kützing) Smith　图版 180：1-11

王全喜, 2018, p. 40, Fig. XXVII：1-11.

壳面窄线形-近披针形，末端略微延伸呈小头状。长 41.0 ~ 60.5 μm，宽 4.0 ~ 5.0 μm。线纹排列密集，在光镜下不清晰。龙骨突排列规则，10 μm 内有 11 ~ 13 个。肋纹明显，延伸至壳面 1/6。

分布：洱海，泸沽湖，杞麓湖，阳宗海

19. *Nitzschia palea* var. *debilis* (Kützing) Grunow　图版 180：12-15

Antoniades et al., 2008, p. 218, Figs. 74：1-6, 75：3-5, 128：4-5.

壳面线形-披针形，两侧平行，末端呈小圆头状。长 24.0 ~ 27.0 μm，宽 3.5 μm。线纹在光镜下不清晰。龙骨突清晰，10 μm 内有 14 ~ 15 个。与原变种的区别在于：壳体更小，末端小头状更明显。

分布：杞麓湖

20. *Nitzschia palea* var. *minuta* (Bleisch) Grunow　图版 180：16-19

王全喜, 2018, p. 41, Fig. XXVI：6-9.

壳面宽线形-披针形，两侧近平行，末端呈喙状-小头状。长 31.5 ~ 43.0 μm，宽 5.5 ~ 6.5 μm。线纹排列紧凑，在光镜下不明显。龙骨突清晰，形状不规则，中部两个间距大，10 μm 内有 10 ~ 12 个。与原变种的区别在于：壳体更宽，龙骨点更大，排列更稀疏。

分布：星云湖，阳宗海

21. *Nitzschia paleacea* (Grunow) Grunow　图版 180：20-22

Van Heurck, 1881, Figs. LXVIII：9-10；Cumming et al., 1995, p. 33, Figs. 18-21.

壳面窄线形-近菱形，末端逐渐延伸呈长喙状。长 16.0 ~ 32.5 μm，宽 3.0 ~ 3.5 μm。光镜下线纹不清晰。龙骨突排列规则，10 μm 内有 13 ~ 14 个。

分布：洱海，杞麓湖，星云湖

22. *Nitzschia pura* Hustedt　图版 181：1-2

Hustedt, 1954, p. 480, Figs. 70-75；Krammer & Lange-Bertalot, 1988, nachdr. 1997, p. 74, Fig. 58：1-9.

壳体细长，壳面窄线形，朝向两端逐渐变尖，末端逐渐延伸呈长喙状。长 87.5 ~ 113.5 μm，宽 4.0 μm。线纹在光镜下不明显。龙骨突较小，呈点状排列，10 μm 内有 9 ~ 11 个。

分布：星云湖

23. *Nitzschia recta* Hantzsch　图版 181：3-8

王全喜，2018，p. 18，Fig. Ⅵ：5-8.

壳面窄线形-披针形，末端呈小头形。长 61.0 ~ 90.0 μm，宽 5.5 ~ 7.0 μm。线纹密集，在光镜下不清晰。龙骨突清晰，排列规则，10 μm 内有 5 ~ 8 个。肋纹明显，延伸至壳面 1/5。

分布：抚仙湖

24. *Nitzschia regula* var. *robusta* Hustedt　图版 182：1-11

Krammer & Lange-Bertalot，1988，nachdr. 1997，p. 21，Fig. 12：1.

壳面线形，部分种两侧中部向内略微凹陷，末端呈长喙状-楔形。长 66.0 ~ 112.0 μm，宽 5.0 ~ 7.0 μm。10 μm 内有 26 ~ 27 条线纹。龙骨突清晰，排列规则，10 μm 内有 8 ~ 12 个。

分布：洱海

25. *Nitzschia sigma* (Kützing) Smith　图版 183：1-2

Smith，1853a，p. 39，Fig. XIII：108；王全喜，2018，p. 23，Figs. Ⅷ：7-9，XIII：1-8.

壳体细长，壳面线形，壳面轮廓近 S 形，两端朝相反的方向轻微弯曲，末端稍微延长呈尖圆形-喙状。长 186.0 μm，宽 5.5 μm。线纹密集排列，在光镜下不清晰。龙骨突清晰，呈肋状，排列较规则，10 μm 内有 13 ~ 15 个。

分布：程海

26. *Nitzschia solita* Hustedt　图版 183：3

Hustedt，1953b，p. 152，Figs. 3-4；王全喜，2018，p. 35，Fig. XXVIII：30-37.

壳面宽线形-披针形，末端呈喙状。长 32.0 μm，宽 5.5 μm。线纹在光镜下明显，平行排列，10 μm 内有 24 ~ 25 条线纹。龙骨突清晰，排列规则，10 μm 内有 10 ~ 12 个。

分布：泸沽湖，杞麓湖

27. *Nitzschia subacicularis* Hustedt　图版 183：4-11

王全喜，2018，p. 39，Fig. XXVII：12-14.

壳体细长，壳面线形，末端明显延伸呈长喙状。长 52.0 ~ 88.5 μm，宽 3.5 ~ 4.0 μm。10 μm 内有 28 ~ 29 条线纹。龙骨突点状排列，10 μm 内有 13 ~ 15 个。

分布：杞麓湖

长羽藻属 *Stenopterobia* Brébisson ex Van Heurck 1896

壳面呈 S 形或线形，末端轻微弯曲或延伸呈长喙状。具明显的龙骨壳缝系统，龙骨突清晰。线纹密集，平行排列。

1. *Stenopterobia delicatissima* (Lewis) Brebisson　图版 183：12

王全喜，2018，p. 125，Fig. CXXVII：5.

壳面窄线形，末端延伸呈长喙状，壳面上下几乎对称。长 37.0 μm，宽 3.0 μm。线纹密集，平行排列，光镜下不清晰。具有龙骨突。

分布：洱海

盘杆藻属 *Tryblionella* Smith 1853

壳面呈线形、披针形或提琴形，末端呈尖圆形、钝圆形、楔形或喙状，外壳面一侧常具脊，呈波形，另一侧具壳缝系统。线纹分布密集，平行排列，多被纵向腹板分隔开。

1. *Tryblionella angustata* Smith　　图版 183：13-14

Smith, 1853a, p. 36, Fig. XXX: 262；王全喜, 2018, p. 62, Fig. LII: 1-10.

壳体细长，壳面长线形，末端呈近尖圆形–楔形。长 93.0～97.5 μm，宽 9.5 μm。线纹分布密集，平行排列，10 μm 内有 13～14 条。龙骨突不明显。

分布：抚仙湖

2. *Tryblionella angustatula* (Lange-Bertalot) You & Wang　　图版 183：15-16

Krammer & Lange-Bertalot, 1988, p. 48, Figs. 3: 6, 36: 6-10；王全喜, 2018, p. 63, Fig. LIII: 1-6.

壳面线形–近宽披针形，末端略微延伸呈尖圆形–楔形。长 38.5～45.5 μm，宽 7.5 μm。线纹分布密集，平行排列，10 μm 内有 17～18 条。龙骨突不明显。

分布：杞麓湖

3. *Tryblionella calida* Mann　　图版 183：17-18

王全喜, 2018, p. 66, Fig. LVII: 1-6.

壳面线形，中部轻微缢缩，末端略微延伸呈喙状–楔形。长 26.0～46.5 μm，宽 8.5～10.0 μm。线纹 10 μm 内有 16～18 条。壳面中部有一条纵向宽线形的腹板。龙骨突不明显。

分布：滇池，杞麓湖

4. *Tryblionella hungarica* Frenguelli　　图版 183：19-20

Frenguelli, 1942, p. 178, Fig. 8: 12；王全喜, 2018, p. 65, Figs. LV: 1-8, LVI: 1-2.

壳体长，壳面线形，中部一侧轻微缢缩，末端呈喙状–楔形。长 64.5～93.5 μm，宽 8.5～10.0 μm。线纹近平行排列，10 μm 内有 16～17 条。壳面中部有一条纵向线形的腹板。龙骨突排列紧密。龙骨突呈粗点状，排列密集，在光镜下不易看清。

分布：洱海，杞麓湖

5. *Tryblionella levidensisi* Smith　　图版 183：21

王全喜, 2018, p. 67, Fig. LIII: 10-15.

壳面宽线形，中部两侧几乎平行，末端呈楔形。长 42.0 μm，宽 21.5 μm。肋纹紧密排列，末端呈辐射状排列，10 μm 内有 8～9 条。线纹在光镜下不易看清。龙骨突不明显。

分布：杞麓湖

双菱藻目（Surirellales）

双菱藻科（Surirellaceae）

波缘藻属 *Cymatopleura* Smith 1851

壳面线形、椭圆形或提琴形，具环绕壳面的壳缝系统，壳面强烈硅质化。壳面顶轴方向呈横向波纹，在壳面中部较浅。壳缝位于壳面边缘的龙骨上。

1. *Cymatopleura elliptica* Smith　图版 184：1-3

Smith, 1851, p. 13, Fig. 3：10-11；Reavie & Smol, 1998, p. 64, Fig. 30：11.

壳面宽椭圆形，末端尖圆至宽圆形。长 101.0 ~ 115.0 μm，宽 50.5 ~ 60.5 μm。壳面可见 4 ~ 6 条波纹。100 μm 内线纹有 30 ~ 40 条。

分布：杞麓湖，阳宗海

2. *Cymatopleura solea* Smith　图版 185：1-2

Smith, 1853b, p. 36, Fig. 10：78；Ruck & Kociolek, 2004, p. 42, Figs. 48：1-6, 49：7-11, 50：12-16.

壳面宽线形，中部缢缩，末端呈楔形或尖圆形。长 140.0 ~ 146.0 μm，宽 24.5 ~ 26.5 μm。10 μm 内线纹有 7 ~ 8 条。

分布：洱海，抚仙湖，杞麓湖，阳宗海

3. *Cymatopleura solea* var. *apiculata* (Smith) Ralfs　图版 185：3-7

Smith, 1853b, p. 37, Fig. 10：79；王全喜, 2018, p. 102, Fig. LXXXVII：3-7.

壳面线形，中部明显缢缩，末端略延长，呈尖圆形。长 55.0 ~ 93.0 μm，宽 18.5 ~ 28.0 μm。壳面中部具波纹。10 μm 内线纹有 7 ~ 14 条。

分布：抚仙湖

双菱藻属 *Surirella* Turpin 1828

壳体等极或异极，壳面呈线形、椭圆形、倒卵形或披针形等，壳面硅质化强烈，可能存在短刺结构。部分种有翼状结构，具有翼状管。具有壳缝系统。

1. *Surirella bifrons* Ehrenberg　图版 186：1-4

王全喜, 2018, p. 116, Figs. CVIII：1-3, CIX：1-2, CX：1-3, CXI：1-2, CXII：1-3.

壳面长椭圆形-宽披针形，末端呈尖圆形。长 114.0 ~ 169.0 μm，宽 37.0 ~ 44.5 μm。翼状管粗，排列紧凑，100 μm 内有 10 ~ 20 个。中轴区呈窄披针形，约占壳面 1/5。壳面短刺主要分布在肋纹和中轴区附近。

分布：抚仙湖

2. *Surirella capronii* Brebisson & Kitton　图版 187：1-3

Kitton, 1869a, p. 61, Figs. 43, 44；王全喜, 2018, p. 120, Fig. CXIV：1.

壳体异极，壳面椭圆形-倒卵形，顶端宽圆形，底端楔形。长 123.0 ~ 175.0 μm，宽

48.5~54.0 μm。翼状管细长，大小不规则，间距宽，100 μm 内有 10~20 个。中轴区宽，呈宽线形，约占壳面 1/4 至 1/3。

分布：滇池，杞麓湖，阳宗海

3. *Surirella biseriata* Brebisson　图版 188：1

Brébisson et al., 1836, p. 53, Fig. Ⅶ；Krammer & Lange-Bertalot, 1988, nachdr. 1997, p. 195, Figs. 141：1-3, 142：1-5, 143：1-9；王全喜, 2018, p. 117, Figs. CXIII：1-3, CXIV：2.

壳面长椭圆形–窄披针形，末端呈尖圆形–楔形。长 432.0 μm，宽 65.5 μm。翼状管两侧大小不一致，一侧间距更宽，100 μm 内有 10~20 个。中轴区狭窄，呈线形，约占壳面 1/6。

分布：抚仙湖

4. *Surirella gracilis* Grunow　图版 188：2-3

Grunow, 1862, p. 144, Fig. 11；王全喜, 2018, p. 105, Figs. XCV：7-12, XCVI：2-3, XCVII：1-3.

壳面长椭圆形–窄披针形，中部略微凹入或平行，末端楔形。长 80.0~136.0 μm，宽 13.5~22.5 μm。肋纹细长，排列紧密，100 μm 内有 40~50 条。中轴区呈丝状。

分布：杞麓湖

5. *Surirella linearis* var. *constricta* Grunow　图版 188：4-5

王全喜, 2018, p. 119, Fig. CXVII：1-5.

壳面线形，中部向内凹入，末端钝圆形。长 66.5~74.0 μm，宽 18.0~18.5 μm。翼状管在中部更宽，100 μm 内有 20~30 条。

分布：抚仙湖

6. *Surirella linearis* var. *elliptica* Müller　图版 188：6-7

Müller, 1903, p. 30, Fig. 10.

壳面线形–椭圆形，末端尖圆形–楔形。长 45.0~97.0 μm，宽 17.5~36.0 μm。翼状管宽，呈矩形，100 μm 内有 10~20 条。中轴区狭窄。

分布：洱海

参 考 文 献

蔡燕凤. 2013. 近百年来洱海富营养化历史与硅藻群落变化的时空特征研究. 昆明：云南师范大学（硕士学位论文）.

陈小林，陈光杰，卢慧斌，等. 2015. 抚仙湖和滇池硅藻生物多样性与生产力关系的时间格局. 生物多样性，23（1）：89-100.

程雨. 2019. 云南省双壳缝类硅藻植物的分类学初步研究. 哈尔滨：哈尔滨师范大学（硕士学位论文）.

董云仙，谭志卫，朱翔，等. 2012. 程海藻类植物种群结构和数量的周年变化特征. 生态环境学报，21（7）：1289-1295.

董云仙. 2014. 云南九大高原湖泊藻类研究进展. 环境科学导刊，33（2）：1-8.

胡竹君，李艳玲，李嗣新. 2012. 洱海硅藻群落结构的时空分布及其与环境因子间的关系. 湖泊科学，24（3）：400-408.

黄成彦，刘师成，程兆第，等. 1998. 中国湖相化石硅藻图集. 北京：海洋出版社.

康文刚，陈光杰，王教元，等. 2017. 大理西湖流域开发历史与硅藻群落变化的格局识别. 应用生态学报，28（3）：1001-1012.

黎尚豪，俞敏娟，李光正，等. 1963. 云南高原湖泊调查. 海洋与湖沼，5（2）：87-114.

李家英，齐雨藻. 2010. 中国淡水藻志 第十四卷 硅藻门 舟形藻科（I）. 北京：科学出版社.

李家英，齐雨藻. 2018. 中国淡水藻志 第二十三卷 硅藻门 舟形藻（III）. 北京：科学出版社.

李杰，陈静，赵磊. 2014. 异龙湖藻类群落特征及环境响应关系. 环境科学与技术，S2：58-61.

李蕊. 2018. 抚仙湖2015年水环境特征与硅藻群落分布时空变化研究. 昆明：云南师范大学（硕士学位论文）.

刘琪. 2015. 四川若尔盖湿地及其附近水域硅藻的分类及生态研究. 杭州：浙江大学（博士学位论文）.

刘园园，陈光杰，黄林培，等. 2020. 云南程海湖泊系统响应富营养化与水文调控的长期模式. 应用生态学报，31（5）：1725-1734.

刘园园，陈光杰，施海彬，等. 2016. 星云湖硅藻群落响应近现代人类活动与气候变化的过程. 生态学报，36（10）：3063-3073.

刘园园. 2016. 云南星云湖和程海硅藻群落响应环境变化的长期模式及其异同. 昆明：云南师范大学（硕士学位论文）.

裴国凤，阎春兰，王海英，等. 2010. 滇池福保湾底栖硅藻的时空分布. 长江流域资源与环境，19（6）：692-695.

齐雨藻，李家英. 2004. 中国淡水藻志 第十卷 硅藻门 羽纹纲（无壳缝目 拟壳缝目）. 北京：科学出版社.

齐雨藻. 1995. 中国淡水藻志 第四卷 硅藻门 中心纲. 北京：科学出版社.

钱澄宇，邓新晏，王若南，等. 1985. 滇池藻类植物调查研究. 云南大学学报（自然科学版），7（9）：1-28.

钱福明，张恺，陈光杰，等. 2018. 云南杞麓湖沉积物记录的近现代生态环境变化及影响因子识别. 湖泊科学, 30 (4): 1109-1122.

施之新, 魏印心, 陈嘉佑, 等. 1994. 西南地区藻类资源考察专集. 北京: 科学出版社.

施之新. 2004. 中国淡水藻志 第十二卷 硅藻门 异极藻科. 北京: 科学出版社.

施之新. 2017. 中国淡水藻志 第十六卷 硅藻门 桥弯藻科. 北京: 科学出版社.

谭香, 刘妍. 2022. 汉江上游底栖硅藻图谱. 北京: 科学出版社.

陶建霜, 陈光杰, 陈小林, 等. 2016. 阳宗海硅藻群落对水体污染和水文调控的长期响应模式. Geographical Research, 35 (10): 1899-1911.

王全喜. 2018. 中国淡水藻志 第二十二卷 硅藻门 管壳缝目. 北京: 科学出版社.

王若南, 钱澄宇. 1988. 程海藻类植物调查研究. 云南大学学报 (自然科学版), 10 (3): 250-258.

张振克, 吴瑞金, 王苏民, 等. 2000. 全新世大暖期云南洱海环境演化的湖泊沉积记录. 海洋与湖沼, 31 (2): 210-214.

赵婷婷. 2017. 云南省 (部分地区) 桥弯藻科 (Cymbellaceae) 和异极藻科 (Gomphonemataceae) 硅藻植物的初步研究. 哈尔滨: 哈尔滨师范大学 (硕士学位论文).

朱蕙忠, 陈嘉佑. 2000. 中国西藏硅藻. 北京: 科学出版社.

Agardh CA. 1824. Systema Algarum. Adumbravit C. A. Agardh. Lundae Literis Berlingianis. Lundae, xxxvii: 312.

Agardh CA. 1830. Conspectus Criticus Diatomacearum. Part 1. Lundae. Litteris Berlingianis: 1-16.

Allorge P, Manguin E. 1941. Algues d'eau douce des Pyrénées basques. Bulletin de la Société Botanique de France, 88 (1): 159-191.

Al-Handal A Y, Al-Shaheen M. 2019. Diatoms in the wetlands of Southern Iraq. Bibliotheca Diatomologica, 67: 1-252.

Antoniades D, Hamilton P B, Douglas M S V, et al. 2008. Diatomss of North America: The freshwater floras of Prince Patrick, Ellef Ringnes and northern Ellesmere Islands from the Canadian Arctic Archipelago. Iconographia Diatomologica, 17: 1-649.

Battarbee R W, Carvalho L, Jones V J, et al. 2001. Diatoms. //Smol J P, Last W, Birks H J B. 2001. Tracking Environmental Change Using Lake Sediments Volume 3: Terrestrial, Algal, and Siliceous Indicators. Dordrecht: Kluwer Academic Publishers.

Bennion H, Battarbee R. 2007. The European Union Water Framework Directive: opportunities for palaeolimnology. Journal of Paleolimnology, 38 (2): 285-295.

Bey M Y, Ector L. 2013. Atlas des diatomées des cours deau de la region 2/2. Heidelberg: Spektrum Akademischer Verlag.

Bonadonna F P. 1964. Studies on the Lazio Pleistocene. II. The diatomite deposit of Cornazzano (Bracciana, Roma). Geologica Romana, 3: 383-404.

Bory de Saint-Vincent J B G M. 1824. Dictionnaire Classique d'Histoire Naturelle. Tome cinquième. Cra-D. Vol. 5. Paris: Rey, Gravier, libraires-éditeurs; Baudouin Frères, libraires-éditeurs.

Bruder K, Medlin L K. 2008. Morphological and molecular investigations of naviculoid diatoms. II. Selected genera and families. Diatom Research, 23 (2): 283-329.

Brun J. 1880. Diatomées des Alpes et du Jura et de la région Suisse et Française des Environs de Genève. Genève: Imprimerie Ch. Schuchardt.

Brébisson A de. 1838. Considérations sur les Diatomées et essai d'une classification des genres et des espèces appartenant à cette famille. Brée: l'Ainé Imprimeur-Libraire, Falaise.

Brébisson L A de, Godey L L. 1836. Algues des environs de Falaise, décrites et dessinées par MM. de Brébisson et Godey. Mémoires de la Société Académique des Sciences, Artes et Belles-Lettres de Falaise, 1835: 1-62,

256-269.

Bíly J, Marvan P. 1959. Achnanthes catenata sp. n. Preslia, 31: 34-35.

Campeau S, Pienitz R. Héquette A. 1999. Diatoms from the Beaufort Sea Coast, southern Arctic- Ocean (Canada), Palaeogeography, Palaeoclimatology, Palaeoecology, 146 (1-4): 67-97.

Cantonati M, Lange-Bertalot H, Angeli N. 2010. *Neidiomorpha* gen. nov. (Bacillariophyta): A new freshwater diatom genus separated from *Neidium* Pfitzer. Botanical Studies, 51: 195-202.

Caraballo P. 2008. Pollution of Lakes and Rivers: A Paleoenvironmental Perspective. Bulletin of Marine Science, 83 (2): 224-224.

Chen C H, Zhao L Y, Zhu C, et al. 2014. Response of diatom community in Lugu Lake (Yunnan- Guizhou Plateau, China) to climate change over the past century. Journal of Paleolimnology, 51: 357-373.

Chen X L, Chen G J, Lu H B, et al. 2015. Long- term diatom biodiversity responses to productivity in lakes of Fuxian and Dianchi. Biodiversity Science, 23 (1): 89-100.

Cheng Y, Liu Y, Kociolek J P, et al. 2018. A new species of *Gomphosinica* (Bacillariophyta) from Lugu Lake, Yunnan Province, S W China. Phytotaxa, 348 (2): 118-124.

Cholnoky B J. 1963. Ein Beitrag zur Kenntnis der Diatomeenflora von Holländisch-Neuguinea. Nova Hedwigia, 5: 157-198.

Cholnoky B J. 1968. Diatomeen aus drei Stauseen in Venezuela. Revista de Biologia, 6 (3-4): 235-271.

Chudaev D, Gololobova M. 2015. *Sellaphora smirnovii* (Bacillariophyta, Sellaphoraceae), a new small- celled species from Lake Glubokoe, European Russia, together with transfer of *Navicula pseudoventralis* to the genus *Sellaphora*. Phytotaxa, 226 (3): 253-260.

Cleve [Cleve-Euler] A. 1895. On recent freshwater diatoms from Lule Lappmark in Sweden. Bihang till Kongliga Svenska Vetenskaps-Akademiens Handlingar, 21 (Afh. III, 2): 1-44.

Cleve P T, Grunow A. 1880. Beiträge zur Kenntniss der arctischen Diatomeen. Kongliga Svenska Vetenskaps-Akademiens Handlingar, 17 (2): 1-121.

Cleve P T. 1891. The Diatoms of Finland. Actas Societas Pro Fauna et Flora Fennica, 8 (2): 1-68.

Cleve P T. 1894. Synopsis of the naviculoid diatoms. Part I. Kongliga Svenska Vetenskapsakademiens Handlingar, series 4, 26 (2): 1-194.

Compère P, Van de Vijver B. 2011. *Achnanthidium ennediense* (Compère) Compère & Van de Vijver comb. nov. (Bacillariophyceae), the true identity of *Navicula ennediensis* Compère from the Ennedi mountains (Republic of Chad). Archiv für Hydrobiologie, Algological Studies, 136-137: 5-17.

Compère P. 1986. Algues récoltées par J. Léonard dans le désert de Libye. Bulletin du Jardin Botanique National de Belgique, 56 (1/2): 9-50.

Compère P. 2001. *Ulnaria* (Kützing) Compère, a new genus name for *Fragilaria subgen*. Alterasynedra Lange-Bertalot with comments on the typification of *Synedra* Ehrenberg. //Jahn R, Kociolek J P, Witkowski A, et al. 2001. Lange-Bertalot-Festschrift: Studies on Diatoms. Dedicated to Prof. Dr. h. c. Horst Lange-Bertalot on the occasion of his 65th Birthday.

Cox E J. 1987. *Placoneis* Mereschkowsky: the re-evaluation of a diatom genus originally characterized by its chloroplast type. Diatom Research 2 (2): 145-157.

Cumming B F, Wilson S E, Hall R I. 1995. Diatoms from British Columbia (Canada) lakes and their relationship to salinity, nutrients and other limnological variables. Semantic Scholar: 127448714.

De Toni G B, Forti A. 1900. Contributo alla conoscenza del plancton del Lago Vetter. Atti del Reale Istituto Veneto di Scienze Lettero ed Arti, 59 (2): 537-568.

Dong X. 2010. Using diatoms to understand climate-nutrient interactions in Esthwaite Water, England: evidence from observational and palaeolimnological records. London: University College London.

Ehrenberg C G. 1832. Über die Entwickelung und Lebensdauer der Infusionsthiere; nebst ferneren Beiträgen zu einer Vergleichung ihrer organischen Systeme. Abhandlungen der Königlichen Akademie Wissenschaften zu Berlin, Physikalische Klasse, 1831: 1-154.

Ehrenberg C G. 1837. Zusätze zur Erkenntniss grosser organischer Ausbildung in den kleinsten thierischen Organismen. Abhandlungen der königlichen Akademie der Wissenschaften zu Berlin, (für 1835): 151-180.

Ehrenberg C G. 1838a. Atlas von Vier und Sechzig Kupfertafeln ze Christian Gottfried Ehrenberg über Infusionsthierchen. Leipzig: Verlag von Leopold Voss.

Ehrenberg C G. 1838b. Die Infusionsthierchen als vollkommene Organismen. Ein Blick in das tiefere organische Leben de Natur. Leipzig: Verlag von Leopold Voss.

Ehrenberg C G. 1843. Verbreitung und Einfluss des mikroskopischen Lebens in Süd- und Nord-Amerika. Abhandlungen der Königlichen Akademie der Wissenschaften zu Berlin, 1841: 291-445.

Ehrenberg C G. 1845. Neue Untersuchungen über das kleinste Leben als geologisches Moment. Bericht über die zur Bekanntmachung geeigneten Verhandlungen der Königlich-Preussischen Akademie der Wissenschaften zu Berlin, 1845: 53-87.

Ehrenberg C G. 1854. Mikrogeologie. Einundvierzig Tafeln mit über viertausend grossentheils colorirten Figuren, Gezeichnet vom Verfasser. Leipzig: Leopold Voss.

Fallu M A, Allaire N, Pienitz R. 2000. Freshwater diatoms from northern Québec and Labrador (Canada). Bibliotheca Diatomologica, 45: 126504422.

Flower R J. 2005. A taxonomic and ecological study of diatoms from freshwater habitats in the Falkland Islands, South Atlantic. Diatom Research, 20 (1): 23-96.

Frenguelli J. 1942. XVII contribución al conocimiento de las diatomeas argentinas. Diatomeas del Neuquén (Patagonia). Revista del Museo de la Plata, Nueva Serie, Sección Botánica, 5 (20): 73-219.

Furey P C, Lowe R L. Johansen J R. 2009. Teratology in *Eunotia* taxa in the Great Smoky Mountains National Park and description of *Eunotia macroglossa* sp. nov. Diatom Research, 24 (2): 273-290.

Gasse F. 1986. East African diatoms: taxonomy, ecological distribution. Bibliotheca Diatomologica, 11: 1-202.

Geitler L. 1927. Somatische Teilung, Reduktionsteilung, Copulation und Parthenogenese bei *Cocconeis placentula*. Archiv für Protistenkunde, 59: 506-549.

Gong Z J, Li Y L, Shen J, et al. 2009. Diatom community succession in the recent history of a eutrophic Yunnan Plateau lake, Lake Dianchi, in subtropical China. Limnology, 10 (3): 247-253.

Gong Z J, Li Y L. 2011. *Cymbella fuxianensis* Li and *Gong* sp. nov. (Bacillariophyta) from Yunnan Plateau, China. Nova Hedwigia, 92 (3-4): 551-556.

Gong Z J, Metzeltin D, Li Y L, et al. 2015. Three new species of *Navicula* (Bacillariophyta) from lakes in Yunnan Plateau (China). Phytotaxa, 208 (2): 135-146.

Gregory W. 1854. Notice of the new forms and varieties of known forms occurring in the diatomaceous earth of Mull; with remarks on the classification of the Diatomaceae. Quarterly Journal of Microscopical Science, 2: 90-100.

Grunow A. 1860. Über neue oder ungenügend gekannte Algen. Erste Folge, Diatomeen, Familie Naviculaceen. Verhandlungen der kaiserlich-königlichen zoologisch-botanischen Gesellschaft in Wien, 10: 503-582.

Grunow A. 1862. Die österreichischen Diatomaceen nebst Anschluss einiger neuen Arten von andern Lokalitäten und einer kritischen Uebersicht der bisher bekannten Gattungen und Arten. Erste Folge. Epithemieae, Meridioneae, Diatomeae, Entopyleae, Surirelleae, Amphipleureae. Zweite Folge. Familie Nitzschieae. Verhandlungen der

Kaiserlich-Königlichen Zoologisch-Botanischen Gesellschaft in Wien, 12: 315-472, 545-588.

Grunow A. 1863. Ueber einige neue und ungenügend bekannte Arten und Gattungen von Diatomaceen. Verhandlungen der Kaiserlich-Königlichen Zoologisch-Botanischen Gesellschaft in Wien, 13: 137-162.

Grunow A. 1865. Über die von Herrn Gerstenberger in Rabenhorst's Decaden ausgegeben Süsswasser Diatomaceen und Desmidiaceen von der Insel Banka, nebst Untersuchungen über die Gattungen Ceratoneis und Frustulia. Beiträge zur näheren Kenntniss und Verbreitung der Algen. Herausgegeben von Dr. L. Rabenhorst. Leipzig, Verlag von Eduard Kummer, Heft II: 1-16.

Grunow A. 1868'1867'. Algae. //Reise der österreichischen Fregatte Novara um die Erde in den Jahren 1857, 1858, 1859 unter den Befehlen des Commodore B. von Wüllerstorf-Urbair. Botanischer Theil. Erster Band. Sporenpflanzen. (Fenzl, E. et al. Eds), pp. 1-104. Wien [Vienna]: Aus der Kaiserlich Königlichen Hof-und Staatsdruckeri in Commission bei Karl Gerold's Sohn.

Grunow A. 1884. Die Diatomeen von Franz Josefs-Land. Denkschriften der Kaiserlichen Akademie der Wissenschaften. Mathematisch-Naturwissenschaftliche Classe, Wien, 48 (Abt. 2): 53-112.

Hantzsch CA. 1860. Neue Bacillarien: *Nitzschia vivax* var. *elongata*, *Cymatopleura nobilis*. Hedwigia, 2 (7): 1-40.

Hasle G R, Fryxell G A. 1977. The genus *Thalassiosira*: some species with a linear areola array. //Simonsen R. 1976. Oslo: Proceedings of the Fourth Symposium on Recent and Fossil Marine Diatoms. Beihefte zur Nova Hedwigia, 54: 15-66.

Hassall A H. 1845. A history of the British freshwater algae, including descriptions of the Desmideae and Diatomaceae. With upwards of one hundred plates, illustrating the various species. Vol. I: 1-462.

Hassall A H. 1850. A microscopic examination of the water supplied to the inhabitants of London and the suburban districts; illustrated by coloured plates, exhibiting the living animal and vegetable productions in Thames and other waters, as supplied by the several companies; with an examination, microscopic and general, of their sources of supply, as well as the Henly-on-Thames and Watford plans, etc.

Hlúbiková D, Ector L, Hoffmann L. 2011. Examination of the type material of some diatom species related to *Achnanthidium minutissimum* (Kütz.) Czarn. (Bacillariophyceae). Algological Studies, 136/137: 19-43.

Hofmann G, Werum M, Lange-Bertalot H. 2011. Diatomeen im Süsswasser-Benthos von Mitteleuropa. Bestimmungsflora Kieselalgen für die ökologische Praxis. Über 700 der häufigsten Arten und ihre Ökologie. 2. Korrigierte Auflage. Oberreifenberg: Koeltz Scientific Books.

Houk V, Klee R. 2004. The stelligeroid taxa of the genus *Cyclotella* (Kützing) Brébisson (Bacillariophyceae) and their transfer into the new genus *Discostella* gen. nov. Diatom Research, 19 (2): 203-228.

Hu K, Chen G J, Gregory-Eaves I, et al. 2019. Hydrological fluctuations modulate phototrophic responses to nutrient fertilization in a large and shallow lake of Southwest China. Aquatic Sciences, 81 (2): 1-17.

Hu Z J, Li Y L, Metzeltin D. 2013. Three new species of *Cymbella* (Bacillariophyta) from high altitude lakes, China. Acta Botanica Croatica, 72 (2): 359-374.

Hustedt F. 1922. Die Bacillariaceen-Vegetation des Lunzer Seengebietes (Nieder-Österreich). Internationale Revue der gesamten Hydrobiologie und Hydrographie, 10 (1-2): 40-74, 233-270.

Hustedt F. 1930. Bacillariophyta (Diatomeae) Zweite Auflage. In: Die Süsswasser-Flora Mitteleuropas. Heft 10. (Pascher, A. Eds.), Jena: Verlag von Gustav Fischer.

Hustedt F. 1932. Die Kieselalgen Deutschlands, Österreichs und der Schweiz unter Berücksichtigung der übrigen Länder Europas sowie der angrenzenden Meeresgebiete. //Rabenhorst L. Kryptogamen Flora von Deutschland, Österreich und der Schweiz. Akademische Verlagsgesellschaft m. b. h, 7 (Teil 2, Lief. 2): 177-320.

Hustedt F. 1935. Untersuchungen über den Bau der Diatomeen, X und XI. Bericht der Deutschen Botanischen Gessellschaft, 53 (1): 3-41.

Hustedt F. 1939. Die Diatomeenflora des Küstengebietes der Nordsee vom Dollart bis zur Elbemündung. I. Die Diatomeenflora in den Sedimenten der unteren Ems sowie auf den Watten in der Leybucht, des Memmert und bei der Insel Juist. Adhandlungen des Naturwissenschaftlichen Verein zu Bremen, 31 (2/3): 571-677.

Hustedt F. 1942. Süßwasser-Diatomeen des indomalayischen Archipels und der Hawaii-Inslen. Internationale Revue der gesamten Hydrobiologie und Hydrographie, 42 (1/3): 1-252.

Hustedt F. 1944. Neue und wenig bekannte Diatomeen. Bericht der Deutschen Botanischen Gessellschaft, 61: 271-290.

Hustedt F. 1945. Diatomeen aus Seen und Quellgebieten der Balkan-Halbinsel. Archiv für Hydrobiologie, 40 (4): 867-973.

Hustedt F. 1949a. Diatomeen von der Sinai-Halbinsel und aus dem Libanon-Gebiet. Hydrobiologia, 2 (1): 24-55.

Hustedt F. 1949b. Süsswasser-Diatomeen aus dem Albert-Nationalpark in Belgisch-Kongo. Exploration du Parc National Albert, Mission H. Damas (1935-1936), Institut des Parcs Nationaux du Congo Belge, 8: 1-199.

Hustedt F. 1950. Die Diatomeenflora norddeutscher Seen mit besonderer Berücksichtigung des holsteinischen Seengebiets V-VII. Seen in Mecklenburg, Lauenburg und Nordostdeutschland. Archiv für Hydrobiologie, 43: 329-458.

Hustedt F. 1953a. Diatomeen aus dem Naturschutzgebiet Seeon. Archiv für Hydrobiologie, 47 (4): 625-635.

Hustedt F. 1953b. Diatomeen aus der Oase Gafsa in Südtunesien, ein Beitrag zur Kenntnis der Vegetation afrikanischer Oasen. Archiv für Hydrobiologie, 48 (2): 145-153.

Hustedt F. 1954. Die Diatomeenflora der Eifelmaare. Archiv für Hydrobiologie, 48 (4): 451-496.

Hustedt F. 1957. Die Diatomeenflora des Flußsystems der Weser im Gebiet der Hansestadt Bremen. Abhandlungen des Naturwissenschaftlichen Verein zu Bremen, 34 (3): 181-440.

Hustedt F. 1961. Die Kieselalgen Deutschlands, Österreichs und der Schweiz unter Berücksichtigung der übrigen Länder Europas sowie der angrenzenden Meeresgebiete. In: L. Rabenhorst (Ed.), Kryptogamen Flora von Deutschland, Österreich und der Schweiz. Akademische Verlagsgesellschaft m. b. h, 7 (Teil 3, Lief. 1): 1-160.

Hustedt F. 1964. Die Kieselalgen Deutschlands, Österreichs und der Schweiz unter Berücksichtigung der übrigen Länder Europas sowie der angrenzenden Meeresgebiete. In: L. Rabenhorst (Ed.), Kryptogamen Flora von Deutschland, Österreich und der Schweiz. Akademische Verlagsgesellschaft m. b. h, 7 (Teil 3, Lief. 4): 557-816.

Håkansson H. 1990. A comparison of *Cyclotella krammeri* sp. nov. and *C. schumannii* Håkansson stat. nov. with similar species. Diatom Research, 5 (2): 261-271.

Jahn R, Abarca N, Gemeinholzer B, et al. 2017. *Planothidium lanceolatum* and *Planothidium frequentissimum* reinvestigated with molecular methods and morphology: four new species and the taxonomic importance of the sinus and cavum. Diatom Research, 32 (1): 75-107.

Ji M, Li Y, Shen J. 2013. Past and recent lake eutrophication evidenced by microfossil (over 160 years) diatom succession in sediments, Lake Xingyun (Southwest China). Polish Journal of Ecology, 61 (4): 729-737.

Jiang Z Y, Liu Y, Kociolek J P, et al. 2018. One new *Gomphonema* (Bacillariophyta) species from Yunnan Province, China. Phytotaxa, 349 (3): 257-264.

Kitton F. 1869a. A new *Surirella*. London: Hardwicke's Science-Gossip.

Kitton F. 1869b. Notes on New York Diatoms with description of a new species *Fragilaria crotonensis*. London: Hardwicke's Science-Gossip, 5: 109-110.

Kociolek J P, You Q M, Stepanek J G, et al. 2016. New freshwater diatom genus, *Edtheriotia* gen. nov. of the Stephanodiscaceae (Bacillariophyta) from south-central China. Phycological Research, 64: 274-280.

Kociolek J P, You Q M, Wang Q X, et al. 2015. Consideration of some interesting freshwater gomphonemoid diatoms from North America and China, and the description of *Gomphosinica*, gen. nov. Beih. Nova Hedwigia, 144: 175-198.

Kociolek J P. 2007. Diatoms: unique eukaryotic extremophiles providing insights into planetary change. Instruments, Methods, and Missions for Astrobiology X, 6694: 66940S.

Krammer K, Lange-Bertalot H. 1985. Naviculaceae Neue und wenig bekannte Taxa, neue Kombinationen und Synonyme sowie Bemerkungen zu einigen Gattungen. Bibliotheca Diatomologica, 9: 5-230.

Krammer K, Lange-Bertalot H. 1986. Bacillariophyceae 1 Teil: Naviculaceae, Band 2/1: 1-876.

Krammer K, Lange-Bertalot H. 1988. nachadr, 1997. Bacillariophyceae. 2. Teil: Bacillariaceae, Epithemiaceae. Surirellaceae. Band 2/2. Heidelberg: Spektrum Akademischer Verlag.

Krammer K, Lange-Bertalot H. 1991. Bacillariophyceae. 3. Teil: Centrales, Fragilariaceae, Eunotiaceae. Süsswasserflora von Mitteleuropa, 2 (3): 1-576.

Krammer K, Lange-Bertalot H. 2004. Bacillariophyceae. 4. Achnanthaceae, Kritische Erganzungen zu *Navicula* (Lineolatae), *Gomphonema* Gesamtliteraturverzeichnis Teil 1-4. Spektrum Akademischer Verlad Heidelberg, 2 (4): 1-876.

Krammer K. 1990. Zur identitat von *Cocconeis diminuta* Pantocsek und *Cocconeis thumensis*. Ouvrage dédié à la Mémoire du Professeur Henry Germain (1903-1989). Koenigstein: Koeltz Scientific Books.

Krammer K. 1991. Morphology and taxonomy in some taxa of the genus *Aulacoseira* Thwaites (Bacillariophyceae). II. Taxa in the *A. granulata*-, *italica*-and *lirata*-groups. Nova Hedwigia, 53 (3-4): 477-496.

Krammer K. 1992. *Pinnularia*: Eine Monographie der europaischen Taxa. Bibliotheca Diatomologica, 26: 1-353.

Krammer K. 1997a. Die cymbelloiden Diatomeen - Eine Monographie der weltweit bekannten Taxa. Teil 1. Allgemeines und *Encyonema* Part. Bibliotheca Diatomologica, 36: 1-382.

Krammer K. 1997b. Die cymbelloiden Diatomeen. Ein Monographie der weltweit bekannten Taxa. Teil 2. *Encyonema* part., *Encyonopsis* and *Cymbellopsis*. Bibliotheca Diatomologica, 37: 1-463.

Krammer K. 1999. Validierung von *Cymbopleura* nov. gen. Iconographia Diatomologica, 6: 292.

Krammer K. 2000. The genus *Pinnularia*. Diatoms of Europe. Vol. 1: Diatoms of the European inland waters and comparable habitats elsewhere. New York: Taylor & Francis.

Krammer K. 2002. Cymbella. Diatoms of Europe. Vol. 3: Diatoms of the European inland waters and comparable habitats elsewhere. New York: Taylor & Francis.

Krammer K. 2003. *Cymbopleura*, *Delicata*, *Navicymbula*, *Gomphocymbellopsis*, *Afrocymbella*. Diatoms of Europe. Vol. 4: Diatoms of the European inland waters and comparable habitats elsewhere. New York: Taylor & Francis.

Krasske G. 1932. Beiträge zur Kenntnis der Diatomeenflora der Alpen. Hedwigia, 72 (3): 92-135.

Kulikovskiy M S, Lange-Bertalot H, Metzeltin D, et al. 2012. Lake Baikal: Hotspot of endemic diatoms I, Vol. 23. Iconographia Diatomologica. Annotated Diatom Micrographs, 23: 1-861.

Kulikovskiy M S, Lange-Bertalot H, Witkowski A, et al. 2010. Diatom assemblages from Sphagnum bogs of the World. I. Nur bog in northern Mongolia. Bibliotheca Diatomologica, 55: 1-326.

Kulikovskiy M, Maltsev Y, Andreeva S, et al. 2019. Description of a new diatom genus *Dorofeyukea* gen. nov. with remarks on phylogeny of the family Stauroneidaceae. Journal of Phycology, 55: 173-185.

Kützing F T. 1834. Synopsis diatomearum oder Versuch einer systematischen Zusammenstellung der Diatomeen. Linnaea, 8: 529-620.

Kützing F T. 1836. Algarum aquae dulcis germanicarum Decas XVI. Commissis Halis Saxonum [Halle]: Schwetschkii C A et fil.

Kützing F T. 1844. Die Kieselschaligen. Nordhausen: Bacillarien oder Diatomeen.

Lange-Bertalot H, Bąk M, Witkowski A. 2011. *Eunotia* and some related genera, Diatoms of Europe. Vol. 6: Diatoms of the European inland waters and comparable habitats elsewhere. Ruggell: Gantner.

Lange-Bertalot H, Cavacini P, Tagliaventi N. 2003. Diatoms of Sardinia. Rare and 76 new species in rock pools and other ephemeral waters, Vol. 12. Iconographia Diatomologica. Annotated Diatom Micrographs. Biogeography-Ecoloy-Taxonomy. Ruggell: Gantner.

Lange-Bertalot H, Fuhrmann A, Werum M. 2020. Freshwater *Diploneis* two studies, Diatoms of Europe. Vol. 9: Diatoms of the European inland waters and comparable habitats elsewhere. Ruggell: Gantner.

Lange-Bertalot H, Fuhrmann A. 2016. Contribution to the genus *Diploneis* (Bacillariophyta): Twelve species from Holarctic freshwater habitats proposed as new to science. Fottea, 16 (2): 157-183.

Lange-Bertalot H, Genkal S I, Vekhov N V. 2004. New freshwater species of Bacillariophyta. Biologia vnutrennikh, vod 4: 12-17.

Lange-Bertalot H, Krammer K. 1987. Bacillariaceae Epithemiaceae Surirellaceae. Neae und wenig bekannte Taxa, neae Kombinationen und Synonyme sowie Bemerkungen und Erganzungen zu den Naviculaceae. Bibliotheca Diatomologica, 15: 1-289.

Lange-Bertalot H, Krammer K. 1989. *Achnanthes*: Eine Monographie der Gattung mit Definition der Gattung Cocconeis und Nachtragen zu den Naviculaceae. Bibliotheca Diatomologica, 18: 1-393.

Lange-Bertalot H, Metzeltin D, Witkowski A. 1996. *Hippodonta* gen. nov. Umschreibung und Begrundung einer neuen Gattung der Naviculaceae, Vol. 4. Iconographia Diatomologica. Annotated Diatom Micrographs. Taxonomy. Koenigstein: Koeltz Scientific Books, 4: 1-286.

Lange-Bertalot H, Metzeltin D. 1996. Indicators of oligotrophy -800 taxa representative of three ecologically distinct lake types, Carbonate buffered -Oligodystrophic -Weakly buffered soft water, Vol. 2. Iconographia Diatomologica. Annotated Diatom Micrographs. Ecology, Diversity, Taxonomy. Koenigstein: Koeltz Scientific Books.

Lange-Bertalot H, Moser G. 1994. Brachysira. Monographie der Gattung. Bibliotheca Diatomologica, 29: 1-212.

Lange-Bertalot H, Ulrich S. 2014. Contributions to the taxonomy of needle- shaped *Fragilaria* and *Ulnaria* species. Lauterbornia, 78: 1-73.

Lange-Bertalot H, Genkal S I. 1999. Diatoms from Siberia I -Islands in the Arctic Ocean (Yugorsky-Shar Strait). Vol. 6. Iconographia Diatomologica. Annotated Diatom Micrographs. Phytogeography- Diversity- Taxonomy. Koenigstein: Koeltz Scientific Books.

Lange-Bertalot H. 1980a. Ein Beitrag zur Revision der Gattungen *Rhoicosphenia* Grun., *Gomphonema* C. Ag., *Gomphoneis* Cl. Botaniska Notiser, 133: 585-594.

Lange-Bertalot H. 1980b. New species, combinations and synonyms in the genus *Nitzschia*. Bacillaria, 3: 41-77.

Lange-Bertalot H. 1980c. Zur taxonomischen Revision einiger ökologisch wichtiger "*Navicula lineolatae*" Cleve. Die Formenkreise um *Naviculae lanceolata*, *N. viridula*, *N. cari*. Cryptogamie, Algologie, 1 (1): 29-50.

Lange-Bertalot H. 1993. 85 neue taxa und über 100 weitere neu definierte Taxa ergänzend zur Süsswasserflora von Mitteleuropa-85 New Taxa and much more than 100 taxonomic clarifications supplementary to SuBwasserflora von Mitteleuropa. Bibliotheca Diatomologica, 27: 1-164.

Lange-Bertalot H. 2001. *Navicula* sensu stricto, 10 genera seperated from *Navicula* sensu lato, *Frustulia*, Diatoms of Europe, Diatoms of the European Inland waters and comparable habitats. Ruggell: Gantner.

Lee S S, Gaiser E E, Van De Vijver B, et al. 2014. Morphology and typification of *Mastogloia smithii* and *M. lacustris*, with descriptions of two new species from the Florida Everglades and the Caribbean region. Diatom Research, 29 (4): 325-350.

Levkov Z, Krstic S, Metzeltin D, et al. 2007. Diatoms of lakes Prespa and Ohrid, about 500 taxa from ancient lake system. //Lange-Bertalot H. 2007. Diatoms of Europe. Vol. 16. Iconographia Diatomologica. Annotated Diatom Micrographs. Biogeography, Ecology, Taxonomy. Ruggell: Gantner.

Levkov Z, Metzeltin D, Pavlov A. 2013. Luticola and Luticolopsis. //Lange-Bertalot H. 2013. Diatoms of Europe. Vol. 7. Inland waters and comparable habitats elsewhere. Ruggell: Gantner.

Levkov Z, Mitic-Kopanja D, Reichardt E. 2016. The diatom genus *Gomphonema* from the Republic of Macedonia. //Lange-Bertalot H. 2016. Diatoms of Europe. Vol. 8. Inland Waters and Comparable Habitats. Oberreifenberg: Koeltz Botanical Books.

Levkov Z. 2009. *Amphora* sensu lato. //Lange-Bertalot H. 2009. Diatoms of Europe. Vol. 5: Diatoms of the European inland waters and comparable habitats elsewhere. Ruggell: Gantner Verlag.

Li Y L, Gong Z J, Shen J. 2007. Freshwater diatoms of eight lakes in the Yunnan Plateau, China. Journal of Freshwater Ecology, 22 (1): 169-171.

Li Y L, Gong Z J, Shen J. 2011a. Diatom distribution in the surficial sediments of Lake Fuxian, Yunnan Plateau, China. African Journal of Biotechnology, 10 (76): 17499-17505.

Li Y L, Gong Z J, Wang C C, et al. 2010a. New species and new records of diatoms from Lake Fuxian, China. Journal of Systematics and Evolution, 48 (1): 65-72.

Li Y L, Gong Z J, Xia W L, et al. 2011b. Effects of eutrophication and fish yield on the diatom community in Lake Fuxian, a deep oligotrophic lake in southwest China. Diatom Research, 26 (1): 51-56.

Li Y L, Liao M N, Metzeltin D. 2020. Three new *Navicula* (Bacillariophyta) species from an oligotrophic, deep lake, China. Fottea, 20 (2): 121-127.

Li Y L, Liu E F, Xiao X Y, et al. 2015. Diatom response to Asian monsoon variability during the Holocene in a deep lake at the southeastern margin of the Tibetan Plateau. Boreas, 44 (4): 785-793.

Li Y L, Metzeltin D, Gong Z J. 2010b. Two new species of *Sellaphora* (Bacillariophyta) from a deep oligotrophic plateau lake, Lake Fuxian in subtropical China. Chinese Journal of Oceanology and Limnology, 28 (6): 1160-1165.

Liu Q, Kociolek J P, Li B, et al. 2017. The diatom genus *Neidium* Pfitzer (Bacillariophyceae) from Zoige Wetland, China. Bibliotheca Diatomologica, 63: 1-120.

Liu Q, Kociolek J, Wang Q X, et al. 2014. Two new *Prestauroneis* Bruder & Medlin (Bacillariophyceae) species from Zoigê Wetland, Sichuan Province, China, and comparison with Parlibellus E. J. Cox. Diatom Research, 30 (2): 133-139.

Liu Y Y, Chen G J, Hu K, et al. 2017. Biological responses to recent eutrophication and hydrologic changes in Xingyun Lake, southwest China. Journal of Paleolimnology, 57 (4): 343-360.

Liu Y Y, Chen G J, Meyer-Jacob C, et al. 2021. Land-use and climate controls on aquatic carbon cycling and phototrophs in karst lakes of southwest China. Science of the Total Environment, 751: 141738.

Liu Y, Kociolek J P, Wang Q X, et al. 2018. The diatom genus *Pinnularia* from Great Xing'an Mountains, China. Bibliotheca Diatomologica, 65: 1-298.

Liu Y, Kociolek J, Wang Q X. 2013. Six New Species of *Gomphonema* Ehrenberg (Bacillariophyceae) Species from the Great Xing'an Mountains, Northeastern China. Cryptogamie, Algologie, 34 (4): 301-324.

Lyngbye H C. 1819. Tentamen Hydrophytologiae Danicae Continens omnia Hydrophyta Cryptogama Daniae, Holsatiae, Faeroae, Islandiae, Groenlandiae hucusque cognita, Systematice Disposita, Descripta et iconibus illustrata, Adjectis Simul Speciebus Norvegicis. Hafniae, typis Schultzianis, in commissis Librariae Gyldendaliae: 1-248.

Manguin E. 1960. Les Diatomées de la Terre Adélie Campagne du Commandant Charcot 1949-1950. Annales des Sciences Naturelles, Botanique, sér. 12, 1 (2): 223-363.

Mann D G. 1989. The Diatom genus *Sellaphora*: Separation from *Navicula*. British Phycological Journal, 24 (1): 1-20.

Mayer A. 1936. Die bayerischen Epithemien. Denkschriften der Koniglich-Baierischen Botanischen Gesellschaft in Regensburg, 20: 87-108.

Mayer A. 1939. Die Diatomeenflora von Erlangen. Denkschriften der Koniglich-Baierischen Botanischen Gesellschaft in Regensburg, 21: 113-225.

Meister F. 1912. Die Kieselalgen der Schweiz. Beiträge zur Kryptogamenflora der Schweiz, 4 (1): 1-254 pp.

Mereschkowsky C. 1902. On *Sellaphora*, a new genus of diatoms. Annals and Magazine of Natural History, Series 7, 9: 185-195.

Mereschkowsky C. 1903. Über *Placoneis*, ein neues Diatomeen-Genus. Beihefte zum Botanischen Centralblatt, 15 (1): 1-30.

Metzeltin D, Lange-Bertalot H, García-Rodríguez F. 2005. Diatoms of Uruguay. Compared with other taxa from South America and elsewhere. //Lange-Bertalot H. Iconographia Diatomologica Vol. 15. Annotated Diatom Micrographs. Taxonomy-Biogeography-Diversity. Ruggell: Gantner.

Metzeltin D, Lange-Bertalot H, Nergui S. 2009. Diatoms in Mongolia. Vol. 20. //Lange-Bertalot H. 2009. Iconographia Diatomologica. Annotated Diatom Micrographs. Gantner Verlag, 20: 3-686.

Metzeltin D, Lange-Bertalot H. 1998. Tropical diatoms of South America I: About 700 predominantly rarely known or new taxa representative of the neotropical flora. //Lange-Bertalot H. 1998. Diatoms of Europe. Vol. 5. Iconographia Diatomologica. Annotated Diatom Micrographs. Diversity-Taxonomy-Geobotany. Koeltz Scientific Books, 5: 1-695.

Morales E A, Manoylov K M, Bahls L L. 2012. *Fragilariforma horstii* sp. nov. (Bacillariophyceae) a new araphid species from the northern United States of America. Nova Hedwigia, 141: 141-154.

Morales E A, Manoylov K M. 2006. Morphological studies on selected taxa in the genus *Staurosirella* Williams et Round Bacillariophyceae from rivers in North America. Diatom Research, 21 (2): 343-364.

Morales E A. 2003. On the taxonomic status of the genera *Belonastrum* and *Synedrella* proposed by Round and Maidana (2001). Cryptogamie, Algologie, 24 (3): 277-288.

Morales EA. 2005. Observations of the morphology of some known and new fragilarioid diatoms (Bacillariophyceae) from rivers in the USA. Phycological Research, 53: 113-133.

Morales EA. 2006. *Staurosira incerta* (Bacillariophyceae) a new fragilarioid taxon from freshwater systems in the United States with comments on the structure of girdle bands in *Staurosira* Ehrenberg and *Staurosirella* Williams et Round. //Ognjanova-Rumenova N, Manoylov K. 2006. Advances in Phycological Studies. Festschrift in Honour of Prof. Dobrina Temniskova-Topalova. Sofia-Moscow: St. Kliment Ohridski University Press.

Müller O. 1895. *Rhopalodia* ein neues Genus der Bacillariaceen. Botanische Jahrbucher fur Systematik, Pflanzengeschichte und Pflanzengeographie, 22 (1): 54-71.

Müller O. 1903. Bacillariaceen aus dem Nyassaland und einigen benachbarten gebieten. I Folge, Surirelloideae-Surirelleae. Engler's Botanische Jahrbucher fur Systematik, Pflanzengeschichte, und Pflanzengeographie. Leipzig,

34 (1): 9-38.

Möller M. 1950. The Diatoms of Praesto Fiord. (Investigations of the Geography and Natural History of the Praesto Fiord, Zealand). Folia Geographica Danica, 3 (7): 187-237.

Novais M H, Almeida S F, Blanco S, et al. 2019. Morphology and ecology of *Fragilaria misarelensis* sp. nov. (Bacillariophyta), a new diatom species from southwest of Europe. Phycologia, 58: 1-17.

Novelo E, Tavera R, Ibarra C. 2007. Bacillariophyceae from karstic wetlands in Mexico. Berlin-Stuttgart: Cramer.

Pantocsek J. 1902. Kieselalgen oder Bacillarien des Balaton. Resultate der Wissenschaftlichen Erforschung des Balatonsees, herausgegeben von der Balatonsee-Commission der Ung. Geographischen Gesellschaft. Commissionsverlag von Ed. Hölzel. Wien, 2 (2): 112.

Patrick R M, Reimer C W. 1966. The Diatoms of the United States exclusive of Alaska and Hawaii. Vol. 1. Fragilariaceae, Eunotoniaceae, Achnanthaceae, Naviculaceae. Monographs of the Academy of Natural Sciences of Philadelphia, 13: 1-688.

Patrick RM. 1959. New species and nomenclatural changes in the genus *Navicula* (Bacillariophyceae). Proceedings of the Academy of Natural Sciences of Philadelphia, 111: 91-108.

Pavlov A, Levkov Z, Williams D M, et al. 2013. Observations on *Hippodonta* (Bacillariophyceae) in selected ancient lakes. Phytotaxa, 90 (1): 1-53.

Petersen JB. 1938. *Fragilaria intermedia-Synedra* Vaucheriae Botaniska Notiser, Diatoms of North 1938 (1-3): 164-170.

Pfitzer E. 1871. Untersuchungen über Bau und Entwicklung der Bacillariaceen (Diatomaceen). //Hanstein J. 1871. Botanische Abhandlungen aus dem Gebiet der Morphologie und Physiologie. Bonn: Marcus.

Pienitz R, Fedje D, Poulin M. 2003. Marine and Non-Marine Diatoms from the Haida Gwaii-Archipelago and Surrounding Coasts, Northeastern Pacific, Canada. Bibliotheca Diatomologica, 48: 1-146.

Rabenhorst L. 1853. Die Süsswasser-Diatomaceen (Bacillarien) für Freunde der Mikroskopie. Leipzig: Eduard Kummer.

Reavie E D, Smol J P. 1998. Freshwater diatoms from the St. Lawrence River. Bibliotheca Diatomologica, 41: 1-137.

Reichardt E, Lange-Bertalot H. 1991. Taxonomische Revision des Artenkomplexes um *Gomphonema angustum*-*G. dichotomum*-*G. intricatum*-*G. vibrio* und ahnliche Taxa (Bacillariophyceae). Nova Hedwigia, 53 (3-4): 519-544.

Reichardt E. 1997a. Bermerkenswerte Diatomeenfunde aus Bayern. IV. Zwei neue Arten aus den Kleinen Ammerquellen. Berichte der Bayerischen Botanischen Gesellschaft (zur Erforschung der heimischen Flora), 68: 61-66.

Reichardt E. 1997b. Taxonomische Revision des Artenkomplexes um *Gomphonema pumilum* (Bacillariophyceae). Nova Hedwigia, 65 (1-4): 99-130.

Reichardt E. 1999. Zur Revision der Gattung *Gomphonema*. Die Arten um *G. affine/insigne*, *G. angustatum/micropus*, *G. acuminatum* sowie gomphonemoide Diatomeen aus dem Oberoligozan in Bohmen. //Lange-Bertalot H. 1999. Annotated Diatom Micrographs. Vol. 8. Iconographia Diatomologica. Koeltz Scientific Books, 8: 1-203.

Reichardt E. 2008. *Gomphonema intermedium* Hustedt sowie drei neue, ähnliche Arten. Diatom Research, 23 (1): 105-115.

Round F E, Basson P W. 1997. A new monoraphid diatom genus (*Pogoneis*) from Bahrain and the transfer of previously described species *A. hungarica* & *A. taeniata* to new genera. Diatom Research, 12 (1): 71-81.

Round F E, Bukhtiyarova L. 1996. Four new genera based on *Achnanthes* (*Achnanthidium*) together with a redefinition of *Achnanthidium*. Diatom Research, 11 (2): 345-361.

Round F E, Crawford R M, Mann D G. 1990. The Diatoms. Biology & Morphology of the genera. Cambridge: Cambridge University Press.

Round FE. 1982. Some forms of *Stephanodiscus* species. Archiv für Protistenkunde, 125 (1-4): 357-371.

Ruck E C, Kociolek P. 2004. Preliminary phylogeny of the family Surirellaceae-(Bacillariophyta). Bibliotheca Diatomologica, 50: 236.

Rumrich U, Lange-Bertalot H, Rumrich M. 2000. Diatoms of the Andes. Annotated Diatom Micrographs. // Lange-Bertalot H. 2000. Iconographia Diatomologica. Vol. 9. Phytogeography-Diversity-Taxonomy. Koeltz Scientific Books, 9: 1-673.

Schoeman F, Archibald R. 1986. Observations on *Amphora* species (Bacillariophyceae) in the British Museum (Natural History). V. Some species from the subgenus *Amphora*. South African Journal of Botany, 52 (5): 425-437.

Simonsen R. 1975. The diatoms *Navicula pygmaea* Kützing and *N. hudsonis* Grunow. British Phycological Journal, 10 (2): 169-178.

Simonsen R. 1987. Atlas and catalogue of the diatom types of Friedrich Hustedt. Berlin & Stuttgart: J. Cramer in der Gebrüder Borntraeger Velagsbuchhandlung.

Siver P A, Hamilton P B, Stachura-Suchoples K, Kociolek J P. 2005. Diatoms of North America. The freshwater flora of Cape Cod. //Lange-Bertalot H. Iconographia Diatomologica, Vol. 14. Oberreifenberg: Koeltz Botanical Books.

Skuja H. 1937. Algae. Botanische Ergebnisse der Expedition der Akademie der Wissenschaften in Wien nach Südwest-China 1914/1918. Symbolae Sinicae, 1: 1-106.

Skvortzov B V. 1935. Diatoms from Poyang Lake, Hunan, China. Philippine Journal of Science, 57 (4): 465-477.

Skvortzow B V. 2012. New and little known fresh-and brackish water diatoms chiefly from Eastern part of Asia and their geographical distribution with a map and 499 figures. Iconographia Diatomologica, 23: 749-861.

Slate J, Stevenson RJ. 2007. The diatom flora of phosphorus- enriched and unenriched sites in a Everglades marsh. Diatom Research, 22 (2): 355-386.

Smith W. 1851. Notes on the Diatomaceae, with descriptions of British species included in the genera *Campylodiscus*, *Surirella* and *Cymatopleura*. Annals and Magazine of Natural History series 2, 7: 1-14.

Smith W. 1853a. A synopsis of the British Diatomaceae; with remarks on their structure, function and distribution; and instructions for collecting and preserving specimens. The plates by Tuffen West, Vol. I: 1-89.

Smith W. 1853b. Synopsis of British Diatomaceae 1. London: John Van Voorst.

Smith W. 1856. Synopsis of British Diatomaceae 2. London: John Van Voorst.

Tanaka H. 2007. Taxonomic Studies of the Genera *Cyclotella* (Kützing) Brébisson, Discostella Houk et Klee and Puncticulata Hakansson in the Family Stephanodiscaceae Glezer et Makarova (Bacillariophyta) in Japan. Bibliotheca Diatomologica, 53: 1-205.

Taylor J C, Cocquyt C, Karthick B, et al. 2014. Analysis of the type of *Achnanthes exigua* GRUNOW (Bacillariophyta) with the description of a new Antarctic diatom species. Journal of the Czech Phycological Society, 14 (1): 43-51.

Turpin P J F. 1828. Observations sur le nouveau genre *Surirella*. Mémoires du Musée d'Histoire Naturelle, 16: 361-368.

Van de Vijver B, Ector L, Williams DM. 2020. Observations on and typification of *Gomphonema auritum* A. Braun ex Kützing (Gomphonemataceae, Bacillariophyta), 148: 1-6.

Van de Vijver B, Frenot Y, Beyens L. 2002. Freshwater diatoms from Ile de la Possession (Crozet-Archipelago, Subantarctica). Bibliotheca Diatomologica, 46: 1-412.

Van de Vijver B, Jarlman A, De Haan M, et al. 2012. New and interesting diatom species (Bacillariophyceae) from Swedish rivers. Nova Hedwigia, 141: 237-254.

Van De Vijver B, Levkov Z, Walter J, et al. 2020. Observations on and typification of *Navicula fontinalis* Grunow (Naviculaceae, Bacillariophyta). Notulae algarum, 143: 1-5.

Van De Vijver B, Morales E A, Kopalová K. 2014. Three new araphid diatoms (Bacillariophyta) from the Maritime Antarctic Region. Phytotaxa, 167 (3): 256-266.

Van Heurck H. 1880. Synopsis des Diatomées de Belgique Atlas. Anvers: Ducaju et Cie.

Van Heurck H. 1881. Synopsis des Diatomées de Belgique Atlas. Anvers: Ducaju et Cie.

Van Heurck H. 1896. A Treatise on the Diatomaceae. London: William Wesley & Son.

Vouilloud A A, Sala S E, Núñez-Avellaneda M, et al. 2013. *Brachysira* (Naviculales, Bacillariophyceae) in lowland waters from Colombia. Diatom Research, 29 (2): 147-163.

Wang Q, Yang X D, Anderson N J, et al. 2014. Diatom response to climate forcing of a deep, alpine lake (Lugu Hu, Yunnan, SW China) during the Last Glacial Maximum and its implications for understanding regional monsoon variability. Quaternary Science Reviews, 86: 1-12.

Wang Q, Yang X D, Anderson N J, et al. 2015. Diatom seasonality and sedimentation in a subtropical alpine lake (Lugu Hu, Yunnan-Sichuan, Southwest China). Arctic, Antarctic, and Alpine Research, 47 (3): 461-472.

Wang Q, Yang X D, Anderson N J, et al. 2016. Direct versus indirect climate controls on Holocene diatom assemblages in a sub-tropical deep, alpine lake (Lugu Hu, Yunnan, SW China). Quaternary Research, 86 (1): 1-12.

Wang Q, Yang X D, Kattel G R. 2018. Within-lake spatio-temporal dynamics of cladoceran and diatom communities in a deep subtropical mountain lake (Lugu Lake) in southwest China. Hydrobiologia, 820 (1): 91-113.

Wang Y F, Hu S Y, Zhu Y X, et al. 2005. The lacustrine sedimentary records of coal-burning atmospheric pollution. Science in China Series D: Earth Sciences, 48 (10): 1740-1746.

Watanabe T, Tuji A, Asai K. 2008. Epilithic diatom assemblages and two new species *Achnanthidium ovatum* and *Gomphonema yakuensis* from Yaku-shima Island, Kagoshima Prefecture, Japan. Diatom, 24: 30-41.

Werum M, Lange-Bertalot H. 2004. Diatoms in Springs from Central Europe and elsewhere under the influence of hydrologeology and anthropogenic impacts. //Lange-Bertalot H. 2004. Iconographia Diatomologica, Vol. 13. Annotated Diatom Micrographs. Ecoloy-Hydrology-Taxonomy. Gantner Verlag, 13: 1-417.

Wetzel C E, De Vijver B V, Hoffmann L, et al. 2013. *Planothidium incuriatum* sp. nov. a widely distributed diatom species (Bacillariophyta) and type analysis of *Planothidium biporomum*. Phytotaxa, 138 (1): 1-43.

Wetzel C E, Ector L. 2015. Taxonomy and ecology of Fragilaria microvaucheriae sp. nov. and comparison with the type materials of F. uliginosa and F. vaucheriae. Cryptogamie Algologie, 36 (3): 271-289.

Williams D M, Round FE. 1986. Revision of the genus *Synedra* Ehrenb. Diatom Research, 1 (2): 313-339.

Williams D M, Round FE. 1987. Revision of the genus *Fragilaria*. Diatom Research, 2 (2): 267-288.

Witkowski A, Lange-Bertalot H, Metzeltin D. 2000. Annotated Diatom Micrographs: Diatom flora of marine coasts I. //Lange-Bertalot H. 2000. Iconographia Diatomologica, Vol. 7. Koeltz Scientific Books, 7: 1-925.

Wojtal AZ. 2013. Species Composition and Distribution of Diatom Assemblages in Spring Waters from Various

Geological Formations in Southern Poland. Bibliotheca Diatomologica, 59: 1-436.

Wu H, Zhang H C, Li Y L, et al. 2021. Plateau lake ecological response to environmental change during the last 60 years: a case study from freshwater Lake Yangzong, SW China. Journal of Soils and Sediments, 21 (3): 1550-1562.

Xie S Q, Lin B, Cai S S. 1985. Studies by means of LM and EM on a new species, *Cyclotella asterocostata* Lin, Xie et Cai. Acta Phytotaxonomica Sinica, 23 (6): 473-475.

Xie S Q, Qi YZ. 1984. Light, scanning and transmission electron microscopic studies on the morphology and taxonomy of *Cyclotella shanxiensis* sp. nov.//Mann D G. 1982. Philadelphia: Proceedings of the Seventh International Diatom Symposium, Koenigstein: Koeltz Science Publishers.

Yang J R, Stoermer E F, Kociolek J P. 1994. *Aulacoseira dianchiensis* sp. nov., a new fossil diatom from China. Diatom Research, 9 (1): 225-231.

You Q M, Wang Q X, Kociolek J P. 2015. New *Gomphonema* Ehrenberg (Bacillariophyceae: Gomphonemataceae) species from Xinjiang Province, China. Diatom Research, 30 (1): 1-12.

Zhang Y, Guo J S, Kociolek J P, et al. 2022. *Navicula fuxianturriformis* sp. nov. (Bacillariophyceae), a new species from southwest China. Phytotaxa, 541 (2): 141-152.

Zhang Z K, Yang X D, Shen J, et al. 2001. Climatic variations recorded by the sediments from Erhai Lake, Yunnan Province, southwest China during the past 8000a. Chinese Science Bulletin, 46 (1): 80-82.

Zimmerman C, Poulin M, Pienitz R. 2010. Diatoms of North America. Annotated diatom micrographs.//Lange-Bertalot H. 2010. Iconographia Diatomologica, Vol. 21. The Pliocene-Pleistocene Freshwater Flora of Bylot Island, Nunavut, Canadian High Arctic. Gantner Verlag, 21: 1-407.

Zindarova R, Kopalová K, Van der Vijver B. 2016. Diatoms from the Antarctic region: maritime Antarctica. Bibliotheca Diatomologica, 28: 9-504.

图版说明

图版 1
1：广缘小环藻近缘变种 *Cyclotella bodanica* var. *affinis* Grunow
2-17：克拉姆小环藻 *Cyclotella krammeri* Hakansson

图版 2
1-37：梅尼小环藻 *Cyclotella meneghiniana* Kützing
38-49：眼斑小环藻 *Cyclotella ocellata* Pantocsek

图版 3
1-40：菱形椭圆小环藻 *Cyclotella rhomboideo-elliptica* Skuja

图版 4
1-43：菱形椭圆小环藻 *Cyclotella rhomboideo-elliptica* Skuja

图版 5
1-16：星肋碟星藻 *Discostella asterocostata* (Lin, Xie & Cai) Houk & Klee

图版 6
1-8：星肋碟星藻 *Discostella asterocostata* (Lin, Xie & Cai) Houk & Klee
9-18：具星碟星藻 *Discostella stelligera* (Cleve & Grunow) Houk & Klee
19-24：*Discostella psedustelligera* (Hustedt) Houk & Klee

图版 7
1-62：可疑环冠藻 *Cyclostephanos dubius* (Hustedt) Round

图版 8
1-18：*Cyclostephanos* cf. *dubius* (Hustedt) Round

图版 9
1-14：近缘琳达藻 *Lindavia affinis* Grunow
15-26：省略琳达藻 *Lindavia praetermissa* (Lund) Nakov

图版说明

图版 10
1-29：汉氏冠盘藻 *Stephanodiscus hantzschii* Grunow

图版 11
1-16：极小冠盘藻 *Stephanodiscus minutulus*（Kützing）Round
17-19：细弱冠盘藻 *Stephanodiscus tenuis* Hustedt

图版 12
1-6：波罗的海海链藻 *Thalassiosira baltica*（Grunow）Ostenfeld
7-12：湖沼海链藻 *Thalassiosira lacustris*（Grunow）Hasle

图版 13
1-23：山西爱德华藻 *Edtheriotia shanxiensis*（Xie & Qi）Kociolek, You, Stepanek, Lowe & Wang

图版 14
1-23：模糊沟链藻 *Aulacoseira ambigua*（Grunow）Simonsen

图版 15
1-6：*Aulacoseira crassipunctata* Krammer

图版 16
1-24：颗粒沟链藻 *Aulacoseira granulata*（Ehrenberg）Simonsen

图版 17
1-13：颗粒沟链藻极狭变种 *Aulacoseira granulata* var. *angustissima*（Müller）Simonsen

图版 18
1-5：冰岛沟链藻 *Aulacoseira islandica*（Müll.）Simonsen

图版 19
1-21：*Aulacoseira valida*（Grunow）Krammer

图版 20
1-10：变异直链藻 *Melosira varians* Agardh

图版 21
1-16：华丽星杆藻 *Asterionella formosa* Hassall

图版 22

1-14：普通等片藻 *Diatoma vulgaris* Bory
15：中型等片藻 *Diatoma mesodon*（Ehrenberg）Kützing

图版 23

1：*Fragilaria aquaplus* Lange-Bertalot & Ulrich
2-4：北方脆杆藻 *Fragilaria boreomongolica* Kulikovskiy
5：钝脆杆藻 *Fragilaria capucina* Desma
6-7：弧形脆杆藻 *Fragilaria cyclopum* Brutschy
8-10：脆型脆杆藻 *Fragilaria fragilarioides*（Grunow）Cholnoky
11：中狭脆杆藻 *Fragilaria mesolepta* Rabenhorst
12：微沃切里脆杆藻 *Fragilaria microvaucheriae* Wetzel
13：米萨雷脆杆藻 *Fragilaria misarelensis* Almeida，Delgado，Novais & Blanco
14-17：篦形脆杆藻 *Fragilaria pectinalis* Lyngbye
18-19：放射脆杆藻 *Fragilaria radians*（Kützing）Williams & Round
20：桑德里亚脆杆藻 *Fragilaria sandelii* Van de Vijver & Jarlman
21-23：沃切里脆杆藻 *Fragilaria vaucheriae* Petersen
24-27：沃切里脆杆藻头端变种 *Fragilaria vaucheriae* var. *capitellata*（Grunow）Patrick
28：沃切里脆杆藻椭圆变种 *Fragilaria vaucheriae* var. *elliptica* Manguin

图版 24

1-21：克罗钝脆杆藻 *Fragilaria crotonensis* Kitton

图版 25

1-16：近爆裂针杆藻 *Fragilaria pararumpens* Lange-Bertalot，Hofm & Werum

图版 26

1-10：*Fragilaria* sp. 1
11：*Fragilariforma horstii* Morales，Manoylov & Bahls

图版 27

1-3：短线假十字脆杆藻 *Pseudostaurosira brevistriata*（Grunow）Williams & Round
4-6：寄生假十字脆杆藻 *Pseudostaurosira parasitica*（Smith）Morales
7-10：具刺假十字脆杆藻 *Pseudostaurosira spinosa* Skvortzow
11：双结十字脆杆藻 *Staurosira binodis*（Ehrenberg）Lange-Bertalot
12-15：不定十字脆杆藻 *Staurosira incerta* Morales
16-28：凸腹十字脆杆藻 *Staurosira venter*（Ehrenberg）Grunow in *Pantocsek*

29-34：卵形窄十字脆杆藻 *Staurosirella ovata* Morales
35-46：羽状窄十字脆杆藻 *Staurosirella pinnata* (Ehrenberg) Williams & Round
47：缢缩十字脆杆藻 *Staurosira pottiezii* Van de Vijver

图版 28
1-35：连结十字脆杆藻 *Staurosira construens* (Ehrenberg) Grunow

图版 29
1-10：相似网孔藻 *Punctastriata mimetica* Morales
11-17：簇生平格藻 *Tabularia fasciculata* (Agardh) Williams & Round

图版 30
1-12：尖肘形藻 *Ulnaria acus* (Kützing) Aboal

图版 31
1-14：二喙肘形藻 *Ulnaria amphirhynchus* (Ehrenberg) Compère & Bukhtiyarova

图版 32
1：二头肘形藻 *Ulnaria biceps* (Kützing) Compère
2-7：丹尼卡肘形藻 *Ulnaria danica* (Kützing) Compère & Bukhtiyarova
8-9：翁格肘形藻 *Ulnaria ungeriana* (Grunow) Compère

图版 33
1-7：肘状肘形藻 *Ulnaria ulna* (Nitzsch) Compère

图版 34
1-3：双月短缝藻 *Eunotia bilunaris* (Ehrenberg) Schaarschmidt
4：*Eunotia cantonatii* Lange-Bertalot & Tagliaventi
5：奥德布雷短缝藻 *Eunotia odebrechtiana* Metzeltin & Lange-Bertalot
6-7：*Eunotia macroglossa* Furey, Lowe & Johansen
8-9：单峰短缝藻二齿变种 *Eunotia monodon* var. *bidens* (Gregory) Hustedt
10-11：索氏短缝藻 *Eunotia soleirolii* (Kützing) Rabenhorst
12-13：*Eunotia corsica* Lange-Bertalot & Roland Schmidt
14-15：蚁形短缝藻 *Eunotia formicina* Lange-Bertalot

图版 35
1-15：印度短缝藻 *Eunotia indica* Grunow

图版 36

1：链状曲丝藻 *Achnanthidium catenatum*（Bily & Marvan）Lange-Bertalot

2-6：恩内迪曲丝藻 *Achnanthidium ennediense* Compère & Van de Vijver（druartii Rimet & Couté）

7-10：富营养曲丝藻 *Achnanthidium eutrophilum*（Lange-Bertalot）Lange-Bertalot

图版 37

1-12：短小曲丝藻 *Achnanthidium exiguum*（Grunow）Czarnecki

13-17：纤细曲丝藻 *Achnanthidium gracillimum*（Meister）Lange-Bertalot

18-30：极小曲丝藻 *Achnanthidium minutissimum*（Kützing）Czarnecki

31：卵形曲丝藻 *Achnanthidium ovatum* Watanabe & Tuji

图版 38

1-11：*Achnanthidium daui* Foged

12-20：罗森斯托克曲丝藻 *Achnanthidium rosenstockii*（Lange-Bertalot）

图版 39

1-8：克里夫卡氏藻 *Karayevia clevei*（Grunow）Round

9-10：线咀卡氏藻 *Karayevia laterostrata*（Hustedt）Round & Bukhtiyarova

图版 40

1-26：匈牙利附萍藻 *Lemnicola hungarica*（Grunow）Round & Basson

图版 41

1-7：近披针形平面藻 *Planothidium cryptolanceolatum* Jahn & Abarca

8-14：椭圆平面藻 *Planothidium ellipticum*（Cleve）Round & Bukhtiyarova

15-20：频繁平面藻 *Planothidium frequentissimum*（Lange-Bertalot）Lange-Bertalot

21-28：*Planothidium incuriatum* Wetzel，van de Vijver & Ector

图版 42

1-6：*Platessa holsatica*（Hustedt）Lange-Bertalot

7-11：齐格勒片状藻 *Platessa ziegleri*（Lange-Bertalot）Krammer & Lange-Bertalot

12-15：微小罗氏藻 *Rossithidium pusillum*（Grunow）Round & Bukhtiyarova

16-19：*Rossithidium* sp.

图版 43

1-28：柄卵形藻 *Cocconeis pediculus* Ehrenberg

图版 44

1-20：扁圆卵形藻 *Cocconeis placentula* Ehrenberg，Krammer & Lange-Bertalot

图版 45

1-9：扁圆卵形藻斜缝变种 *Cocconeis placentula* var. *klinoraphis* Geitler
10-11：*Cocconeis neodiminuta* Krammer

图版 46

1-14：扁圆卵形藻线条变种 *Cocconeis placentula* var. *lineata* (Ehrenberg) Van Heurck

图版 47

1-3：*Cocconeis crossis* sp. nov.

图版 48

1-8：联合双眉藻 *Amphora copulata* (Kützing) Schoeman & Archibald

图版 49

1-8：马其顿双眉藻 *Amphora macedoniensis* Nagumo

图版 50

1-6：卵形双眉藻 *Amphora ovalis* (Kützing) Kützing
7-13：虱形双眉藻 *Amphora pediculus* (Kützing) Grunow
14-17：*Amphora pseudominutissima* Levkov
18-20：*Amphora* sp.

图版 51

1-5：山地海双眉藻 *Halamphora montana* (Krasske) Levkov
6-15：蓝色海双眉藻 *Halamphora veneta* (Kützing) Levkov

图版 52

1-8：蓝色海双眉藻 *Halamphora veneta* (Kützing) Levkov

图版 53

1-2：亚洲桥弯藻 *Cymbella asiatica* Metzeltin，Lange-Bertalot & Li
3-4：切断桥弯藻 *Cymbella excisa* Kützing
5-9：切断桥弯藻延伸变种 *Cymbella excisa* var. *procera* Krammer
10-12：汉茨桥弯藻 *Cymbella hantzschiana* Krammer

图版 54
1-13：新月形桥弯藻 *Cymbella cymbiformis* Agardh

图版 55
1-5：抚仙桥弯藻 *Cymbella fuxianensis* Li

图版 56
1-16：*Cymbella hustedt* var. *crassipunctata* Lange-Bertalot & Krammer

图版 57
1-4：*Cymbella lanceolata*（Agardh）Agardh
5-9：科尔贝桥弯藻 *Cymbella kolbei* Hustedt

图版 58
1-5：新箱形桥弯藻 *Cymbella neocistula* Krammer
6-8：梅策尔丁桥弯藻 *Cymbella metzeltinii* Krammer

图版 59
1-5：新箱形桥弯藻新月形变种 *Cymbella neocistula* var. *lunata* Krammer

图版 60
1-21：极新月形桥弯藻 *Cymbella percymbiformis* Krammer

图版 61
1-14：西蒙森桥弯藻 *Cymbella simonsenii* Krammer

图版 62
1-15：中华桥弯藻 *Cymbella sinensis* Krammer

图版 63
1-12：近箱形桥弯藻 *Cymbella subcistula* Krammer

图版 64
1-13：近细角桥弯藻 *Cymbella subleptoceros* Krammer

图版 65
1-10：热带桥弯藻 *Cymbella tropica* Krammer

图版 66
1-18：膨胀桥弯藻 *Cymbella tumida* (Brébisson) Van Heurck

图版 67
1-21：普通桥弯藻 *Cymbella vulgata* Krammer

图版 68
1-12：星云桥弯藻 *Cymbella xingyunnensis* Li & Gong

图版 69
1：*Cymbella* sp. 1
2-7：*Cymbella* sp. 2

图版 70
1-2：窄弯肋藻 *Cymbopleura angustata* (Smith) Krammer
3-5：*Cymbopleura frequens* Krammer
6-8：不等弯肋藻 *Cymbopleura inaequalis* (Ehrenberg) Krammer

图版 71
1-13：宽弯肋藻 *Cymbopleura lata* (Grunow & Cleve) Krammer

图版 72
1-5：*Cymbopleura lata* var. *truncata* Krammer

图版 73
1-2：*Cymbopleura lata* var. *amerricana* Krammer
3-4：*Cymbopleura peranglica* Krammer
5：近尖头弯肋藻 *Cymbopleura subcuspidata* (Krammer) Krammer

图版 74
1-24：*Cymbellafalsa diluviana* (Krasske) Lange-Bertalot & Metzeltin

图版 75
1-10：维里纳优美藻 *Delicata verenae* Lange-Bertalot & Krammer

图版 76
1-9：奥尔斯瓦尔德内丝藻 *Encyonema auerswaldii* Rabenhorst

图版 77

1-10：簇生内丝藻 *Encyonema cespitosum* Kützing

图版 78

1-3：*Encyonema prostratum* (Berkely) Kützing
4-5：卡罗尼内丝藻 *Encyonema caronianum* Krammer
6-9，12-14：*Encyonema lancettulum* Krammer
10-11：*Encyonema reichardtii* (Krammer) Mann
15-16：*Encyonema ventricosum* (Agardh) Grunow

图版 79

1-24：微小内丝藻 *Encyonema minutum* (Hilse) Mann

图版 80

1-22：西里西亚内丝藻 *Encyonema silesiacum* (Bleisch) Mann

图版 81

1-10：*Encyonopsis cesatiformis* Krammer

图版 82

1：杂拟内丝藻 *Encyonopsis descripta* (Hustedt) Krammer
2-19：小头拟内丝藻 *Encyonopsis microcephala* (Grunow) Krammer
20-27：微小拟内丝藻 *Encyonopsis minuta* Krammer & Reichardt
28-31：长趾尖月藻 *Encyonopsis subminuta* Krammer & Reichardt

图版 83

1-26：尖细异极藻 *Gomphonema acuminatum* Ehrenberg

图版 84

1-7：邻近异极藻 *Gomphonema affine* Kützing

图版 85

1-7：窄异极藻 *Gomphonema angustatum* (Kützing) Rabenhorst
8-10：窄头异极藻 *Gomphonema angusticephalum* Reichardt & Lange-Bertalot
11-14：尖顶异极藻 *Gomphonema augur* Ehrenberg

图版 86

1-35：窄壳面异极藻 *Gomphonema angustivalva* Reichardt & Lange-Bertalot

图版 87

1-13：亚洲异极藻 *Gomphonema asiaticum* Liu & Kociolek

图版 88

1-21：尖顶型异极藻 *Gomphonema auguriforme* Levkov

图版 89

1-15：长耳异极藻 *Gomphonema auritum* Braun

图版 90

1-35：棒形异极藻 *Gomphonema clavatum* Ehrenberg

图版 91

1-10：*Gomphonema coronatum* Ehrenberg

图版 92

1-18：纤细异极藻 *Gomphonema gracile* Ehrenberg

图版 93

1-15：近纤细异极藻 *Gomphonema graciledictum* Reichardt

图版 94

1-10：热带异极藻 *Gomphonema tropicale* Brun
11-13：赫布里底异极藻 *Gomphonema hebridense* Gregory
14-18：中间异极藻 *Gomphonema intermedium* Hustedt

图版 95

1-15：缠结异极藻 *Gomphonema intricatum* Kützing

图版 96

1-36：意大利异极藻 *Gomphonema italicum* Kützing

图版 97

1-4：拉格赫姆异极藻 *Gomphonema lagerheimii* Cleve
5-11：长贝尔塔异极藻 *Gomphonema Lange-Bertalotii* Reichardt

图版 98

1-10：具领异极藻 *Gomphonema lagenula* Kützing

图版 99
1-15：极细异极藻 *Gomphonema exilissimum* Lange-Bertalot

图版 100
1-25：较小异极藻 *Gomphonema minutum* (Agardh) Agardh

图版 101
1-8：微披针形异极藻 *Gomphonema microlanceolatum* You & Kociolek
9-15：狭异极藻 *Gomphonema procerum* Reichardt & Lange-Bertalot
16-24：微小异极藻 *Gomphonema parvuliforme* Lange-Bertalot

图版 102
1-9：小型异极藻 *Gomphonema parvulum* Kützing
10-16：矮小异极藻 *Gomphonema pygmaeoides* You & Kociolek

图版 103
1-52：假中间异极藻 *Gomphonema pseudointermedium* Reichardt

图版 104
1-6：具球异极藻 *Gomphonema sphaerophorum* Ehrenberg
7-8：近棒形异极藻 *Gomphonema subclavatum* (Grunow) Grunow
9-10：细弱异极藻 *Gomphonema subtile* Ehrenberg

图版 105
1-21：近球状异极藻 *Gomphonema subbulbosum* Reichardt

图版 106
1-7：膨胀异极藻 *Gomphonema tumida* Liu & Kociolek
8-19：膨大异极藻 *Gomphonema turgidum* Ehrenberg

图版 107
1-18：塔形异极藻 *Gomphonema turris* Ehrenberg

图版 108
1-15：塔形异极藻中华变种 *Gomphonema turris* var. *sinicum* Zhu & Chen

图版 109
1-13：颤动异极藻 *Gomphonema vibrio* Ehrenberg

14-16：瓦尔达异极藻 *Gomphonema vardarense* Reichardt

17：*Gomphonema* sp.

18：*Gomphosinica* sp. nov.

图版 110

1-26：短纹弯楔藻 *Rhoicosphenia abbreviata* （Agardh） Lange-Bertalot

27：*Rhoicosphenia* sp. 1

图版 111

1：透明双肋藻 *Amphipleura pellucida* （Kützing） Kützing

2：喙暗额藻 *Aneumastus rostratus* （Hustedt） Lange-Bertalot

3-15：*Aneumastus pseudotusculus* （Hustedt） Cox & Williams

16-17：*Aneumastus* sp.

图版 112

1-2：具球异菱藻 *Anomoeoneis sphaerophora* Pfitzer

3-5：布兰奇短纹藻 *Brachysira blancheana* Lange-Bertalot & Moser

6-8：瓜雷莱短纹藻 *Brachysira guarrerai* Vouilloud

9-11：小头短纹藻 *Brachysira microcephala* （Grunow） Compère

12-17：延伸短纹藻 *Brachysira procera* Lange-Bertalot & Moser

图版 113

1-2：克利夫美壁藻 *Caloneis clevei* （Lagerstedt） Cleve

3：镰形美壁藻 *Caloneis falcifera* Lange-Bertalot, Genkal & Vekhov

4：曲缘美壁藻 *Caloneis limosa* （Kützing） Patrick

5：伪塔拉格美壁藻 *Caloneis pseudotarag* Kulikovskiy, Lange-Bertalot & Metzeltin

6-8：*Caloneis schumanniana* （Grunow） Cleve

9-12：杆状美壁藻 *Caloneis bacillum* （Grunow） Cleve

13-14：*Caloneis bacillum* f. *inflata* Hustedt

图版 114

1-16：杆状美壁藻截形变种 *Caloneis bacillum* var. *trunculata* Skvortsov

图版 115

1-22：*Caloneis fontinalis* （Grunow） Lange-Bertalot & Reichardt

图版 116

1：伪盾形洞穴形藻 *Cavinula pseudoscutiformis* （Hustedt） Mann & Stickle

2-8：盾状洞穴形藻 *Cavinula scutelloides* (Smith) Lange-Bertalot

图版 117

1：适中格形藻 *Craticula accomoda* (Hustedt) Mann
2-4：模糊格形藻 *Craticula ambigua* (Ehrenberg) Mann
5-10：布代里格形藻 *Craticula buderi* (Hustedt) Lange-Bertalot
11：*Craticula* sp.

图版 118

1-5：急尖格形藻 *Craticula cuspidata* (Kützing) Mann

图版 119

1-19：丝状全链藻 *Diadesmis confervacea* Kützing

图版 120

1-19：结石双壁藻 *Diploneis calcilacustris* Lange-Bertalot & Fuhrmann
20：椭圆双壁藻 *Diploneis elliptica* (Kützing) Cleve

图版 121

1-14：泉生双壁藻 *Diploneis fontanella* Lange-Bertalot

图版 122

1-13：边纹双壁藻 *Diploneis marginestriata* Hustedt
14-16：长圆双壁藻 *Diploneis oblongella* (Naegeli) Cleve
17-30：彼得森双壁藻 *Diploneis petersenii* Hustedt

图版 123

1-8：拟卵圆双壁藻 *Diploneis pseudoovalis* Hustedt

图版 124

1-9：印度尼西亚杜氏藻 *Dorofeyukea indokotschyi* Kulikovskiy, Maltsev, Andreeva & Kociolek
10-12：萨凡纳杜氏藻 *Dorofeyukea savannahiana* (Patrick) Kulikovskiy & Kociolek

图版 125

1：佛罗里达曲解藻 *Fallacia floriniae* (Möller) Witkowski
2-3：*Fallacia fracta* (Hustedt ex Simonsen) Mann
4-17：*Fallacia lucinensis* (Hustedt) Mann

18-20：*Fallacia omissa*（Hustedt）Mann
21-24：矮小曲解藻 *Fallacia pygmaea*（Kützing）Stickle & Mann
25-35：近小钩状曲解藻 *Fallacia subhamulata*（Grunow & Van Heurck）Lange-Bertalot

图版 126

1-13：多变盖斯勒藻 *Geissleria irregularis* Kulikovskiy, Lange-Bertalot & Metzeltin
14-16：*Geissleria* sp.

图版 127

1-3：尖布纹藻 *Gyrosigma acuminatum*（Kützing）Rabenhorst
4-6：刀形布纹藻 *Gyrosigma scalproides*（Rabenhorst）Cleve

图版 128

1：*Hippodonta angustata* Pavlov, Levkov, Williams & Edlund
2-3：*Hippodonta avittsts*（Cholnoky）Lange-Bertalot et al.
4-6：头状蹄形藻 *Hippodonta capitata*（Ehrenberg）Lange-Bertalot, Metzeltin & Witkowski
7-10：*Hippodonta costulata*（Grunow）Lange-Bertalot, Metzeltin & Witkowski
11：杰奥蹄形藻 *Hippodonta geocollegarum* Pavlov, Levkov, Williams & Edlund
12-13：匈牙利蹄形藻 *Hippodonta hungarica*（Grunow）Lange-Bertalot, Metzeltin & Witkowski
14：线形蹄形藻 *Hippodonta linearis*（Østruo）Lange-Bertalot et al.
15：可赞赏泥栖藻 *Luticola plausibilis*（Hustedt）Li & Qi
16：近克罗泽泥栖藻 *Luticola subcrozetensis* Van de Vijver, Kopalová, Zidarova & Levkov

图版 129

1-19：*Mastogloia pseudosmithii* Sylvia Lee, Gaiser, Van de Vijver, Edlund, & Spauld.

图版 130

1-7：*Mastogloia baltica* Grunow
8-11：史密斯胸隔藻 *Mastogloia smithii* Thwaites & Smith

图版 131

1-7：*Navicula australasiatica* Li & Metzeltin

图版 132

1-10：*Navicula angustissima* Hustedt
11-18：*Navicula perangustissima* Li & Metzeltin

图版 133

1-15：Navicula austrocollegarum Lange-Bertalot

图版 134

1-4：辐头舟形藻 Navicula capitatoradiata Germain & Gasse
5-13：卡里舟形藻 Navicula cari Ehrenberg
14-22：隐伪舟形藻 Navicula cryptofallax Lange-Bertalot & Hofmann
23-26：隐弱舟形藻 Navicula cryptotenelloides Lange-Bertalot

图版 135

1-24：隐头舟形藻 Navicula cryptocephala Kützing

图版 136

1-18：隐细舟形藻 Navicula cryptotenella Lange-Bertalot

图版 137

1-9：Navicula craticuloides Li & Metzeltin

图版 138

1-9：Navicula digitoconvergens Lange-Bertalot
10-21：细长舟形藻 Navicula exilis Kützing

图版 139

1-10：抚仙似塔形舟形藻 Navicula fuxianturriformis Y.-L. Li, J.-S. Guo & Kociolek

图版 140

1-9：Navicula gongii Metzeltin & Li

图版 141

1-3：披针形舟形藻 Navicula lanceolata (Agardh) Ehrenberg
4-6：极长圆舟形藻 Navicula peroblonga Metzeltin, Lange-Bertalot & Nergu

图版 142

1-13：放射舟形藻 Navicula radiosa Kützing

图版 143

1-11：Navicula subhastatula Levkov et Metzeltin

图版 144

1-14：平凡舟形藻 *Navicula trivialis* Lange-Bertalot

图版 145

1-21：*Navicula turriformis* Li & Metzeltin

图版 146

1-9：云南舟形藻 *Navicula yunnanensis* Li & Metzeltin

图版 147

1-6：短喙形舟形藻 *Navicula rostellata* Kützing
7-9：淡绿舟形藻 *Navicula viridula* (Kützing) Ehrenberg
10-11：*Navicula* sp. 1

图版 148

1-14：*Navicula* sp. 2

图版 149

1：双结长篦形藻 *Neidiomorpha binodis* (Ehrenberg) Cantonati, Lange-Bertalot & Angeli
2：相等长篦藻 *Neidium aequum* Liu, Wang & Kociolek
3-9：楔形长篦藻 *Neidium cuneatiforme* Levkov
10：科提长篦藻 *Neidium curtihamatum* Lange-Bertalot, Cavacini, Tagliaventi & Alfinito
11：虹彩长篦藻 *Neidium iridis* (Ehrenberg) Cleve
12-13：花湖长篦藻 *Neidium lacusflorum* Liu, Wang & Kociolek
14：齐氏长篦藻 *Neidium qia* Liu, Wang & Kociolek
15-16：*Oestrupia biscontracta* (Østrup) Lange-Bertalot & Krammer

图版 150

1-11：圆顶羽纹藻 *Pinnularia acrosphaeria* Rabenhorst
12：北方羽纹藻 *Pinnularia borealis* Ehrenberg
13：极岐羽纹藻胡斯特变种 *Pinnularia divergentissima* var. *hustedtiana* Ross
14-15：可变羽纹藻 *Pinnularia erratica* Krammer

图版 151

1-10：微辐节羽纹藻 *Pinnularia microstauron* (Ehrenberg) Cleve
11-12：模糊羽纹藻 *Pinnularia obscura* Krasske
13：微细羽纹藻 *Pinnularia parvulissima* Krammer
14：钩状羽纹藻 *Pinnularia pisciculus* Ehrenberg

15：近微辐节羽纹藻 *Pinnularia submicrostauron* Liu, Kociolek & Wang
16：*Pinnularia subgibba* var. *undulata* Krammer

图版 152
1-2：*Pinnularia stidolphii* Krammer
3-10：具孔羽纹藻 *Pinnularia stomatophoroides* Mayer
11：*Pinnularia* sp.

图版 153
1-2：*Placoneis densa*（Hustedt）Metzeltin, Lange-Bertalot & García-Rodríguez
3-7：埃及金盘状藻 *Placoneis elginensis*（Gregory）Cox
8：胃形盘状藻 *Placoneis gastrum*（Ehrenberg）Mayer
9-10：*Placoneis maculata*（Hustedt）Levkov
11-15：*Placoneis macedonica* Levkov et Metzeltin

图版 154
1-8：*Placoneis rhombelliptica* Metzeltin, Lange-Bertalot & García-Rodríguez
9-15：*Placoneis signatoides* Metzeltin et Levkov

图版 155
1-7：波状盘状藻 *Placoneis undulata*（Østrup）Lange-Bertalot
8-11：*Placoneis* sp.

图版 156
1-12：洛伊类辐节藻 *Prestauroneis lowei* Liu, Wang & Kociolek

图版 157
1：美国鞍型藻 *Sellaphora americana*（Ehrenberg）Mann
2-17：抚仙鞍型藻 *Sellaphora fuxianensis* Li
18-20：光滑鞍型藻 *Sellaphora laevissima*（Kützing）Mann
21-24：*Sellaphora lapidosa*（Krasske）Lange-Bertalot in Lange-Bertalot & Metzeltin

图版 158
1-8：蒙古鞍型藻 *Sellaphora mongolocollegarum* Metzeltin & Lange-Bertalot
9-10：*Sellaphora pseudobacillum*（Grunow）Lange-Bertalot & Metzeltin
11：*Sellaphora pseudomutaoides* Levkov et Metzeltin

图版 159
1-9：亚头状鞍型藻 *Sellaphora perobesa* Metzeltin, Lange-Bertalot & Soninkhishig

10-27：假凸腹鞍型藻 *Sellaphora pseudoventralis* (Hustedt) Chudaev & Gololobova

图版 160
1-8：中华鞍型藻 *Sellaphora sinensis* Li & Metzeltin

图版 161
1-21：矩形鞍型藻 *Sellaphora rectangularis* (Gregory) Lange-Bertalot & Metzeltin
22-28：圆形鞍型藻 *Sellaphora rotunda* (Hustedt) Wetzel, Ector, Van de Vijver, Compère & Mann
29：*Sellaphora subpupula* Levkov et Nakov

图版 162
1-12：云南鞍型藻 *Sellaphora yunnensis* Li & Metzeltin

图版 163
1-9：*Sellaphora* sp. 1
10-21：*Sellaphora* sp. 2
22：近纤弱辐节藻 *Stauroneis subgracilis* Lange-Bertalot & Krammer

图版 164
1-14：侧生窗纹藻 *Epithemia adnata* (Kützing) Brebisson

图版 165
1：光亮窗纹藻 *Epithemia argus* (Ehrenberg) Kützing
2-3：弗里克窗纹藻 *Epithemia frickei* Krammer
4-9：*Epithemia goeppertiana* Hilse
10-11：膨大窗纹藻 *Epithemia turgida* (Ehrenberg) Kützing

图版 166
1-5：膨大窗纹藻典型变型 *Epithemia turgida* f. *typica* Mayer

图版 167
1-21：膨大窗纹藻颗粒变种 *Epithemia turgida* var. *granulata* (Ehrenberg) Brun

图版 168
1-31：鼠形窗纹藻 *Epithemia sorex* Kützing

图版 169
1-29：鼠形窗纹藻 *Epithemia sorex* Kützing

图版 170
1-12：鼠形窗纹藻球状变型 *Epithemia sorex* f. *globosa* Allorge & Manquin

图版 171
1-28：鼠形窗纹藻细长变种 *Epithemia sorex* var. *gracilis* Hustedt

图版 172
1-3：弯棒杆藻 *Rhopalodia gibba* (Ehrenberg) Müller
4-7：弯棒杆藻凸起变种 *Rhopalodia gibba* var. *jugalis* Bonadonna

图版 173
1-4：弯棒杆藻小型变种 *Rhopalodia gibba* var. *minuta* Krammer
5-8：纤细棒杆藻 *Rhopalodia gracilis* Muller
9：具盖棒杆藻 *Rhopalodia operculata* (Agardh) Hakansson

图版 174
1-2：库津细齿藻 *Denticula kuetzingii* Grunow
3-7：丰富菱板藻 *Hantzschia abundans* Lange-Bertalot
8-11：两尖菱板藻 *Hantzschia amphioxys* (Ehrenberg) Grunow
12-13：巴克豪森菱板藻 *Hantzschia barckhausenii* Lange-Bertalot & Metzeltin

图版 175
1-24：两栖菱形藻 *Nitzschia amphibia* Grunow

图版 176
1-2：*Nitzschia acicularis* (Kützing) Smith
3-12：阿奇巴尔菱形藻 *Nitzschia archibaldii* Lange-Bertalot
13：小头端菱形藻 *Nitzschia capitellata* Hustedt
14-18：克劳斯菱形藻 *Nitzschia clausii* Hantzsch

图版 177
1-13：德洛菱形藻 *Nitzschia delognei* (Grunow) Lange-Bertalot
14：额雷菱形藻 *Nitzschia eglei* Lange-Bertalot
15-16：费拉扎菱形藻 *Nitzschia ferrazae* Cholnoky
17：丝状菱形藻 *Nitzschia filiformis* Heurck
18-21：泉生菱形藻 *Nitzschia fonticola* Grunow
22-27：灌木菱形藻 *Nitzschia fruticosa* Hustedt

图 版 说 明

图版 178
1-13：细长菱形藻 *Nitzschia gracilis* Hantzsch
14-15：吉斯纳菱形藻 *Nitzschia gessneri* Hustedt
16-24：*Nitzschia goetzeana* var. *gracilior* Hustedt

图版 179
1-6：中型菱形藻 *Nitzschia intermedia* Hantzsch
7-10：线形菱形藻 *Nitzschia linearis* Smith
11：木那菱形藻 *Nitzschia monachorum* Lange-Bertalot

图版 180
1-11：谷皮菱形藻 *Nitzschia palea* (Kützing) Smith
12-15：谷皮菱形藻柔弱变种 *Nitzschia palea* var. *debilis* (Kützing) Grunow
16-19：谷皮菱形藻微小变种 *Nitzschia palea* var. *minuta* (Bleisch) Grunow
20-22：稻皮菱形藻 *Nitzschia paleacea* (Grunow) Grunow

图版 181
1-2：*Nitzschia pura* Hustedt
3-8：直菱形藻 *Nitzschia recta* Hantzsch

图版 182
1-11：规则菱形藻粗壮变种 *Nitzschia regula* var. *robusta* Hustedt

图版 183
1-2：弯菱形藻 *Nitzschia sigma* (Kutzing) Smith
3：常见菱形藻 *Nitzschia solita* Hustedt
4-11：近针形菱形藻 *Nitzschia subacicularis* Hustedt
12：优美长羽藻 *Stenopterobia delicatissima* (Lewis) Brebisson
13-14：渐窄盘杆藻 *Tryblionella angustata* Smith
15-16：狭窄盘杆藻 *Tryblionella angustatula* (Lange-Bertalot) You & Wang
17-18：暖温盘杆藻 *Tryblionella calida* Mann
19-20：匈牙利盘杆藻 *Tryblionella hungarica* Frenguelli
21：莱维迪盘杆藻 *Tryblionella levidensisi* Smith

图版 184
1-3：椭圆波缘藻 *Cymatopleura elliptica* Smith

图版 185

1-2：草鞋波缘藻 *Cymatopleura solea* Smith
3-7：草鞋形波缘藻细尖变种 *Cymatopleura solea* var. *apiculata*（Smith）Ralfs

图版 186

1-4：二额双菱藻 *Surirella bifrons* Ehrenberg

图版 187

1-3：卡普龙双菱藻 *Surirella capronii* Brebission & Kitton

图版 188

1：二列双菱藻 *Surirella biseriata* Brebisson
2-3：细长双菱藻 *Surirella gracilis* Grunow
4-5：线形双菱藻缢缩变种 *Surirella linearis* var. *constricta* Grunow
6-7：线形双菱藻椭圆变种 *Surirella linearis* var. *elliptica* Muller

图版 189

1-3：湖沼海链藻 *Thalassiosira lacustris*（Grunow）Hasle
4-5：具星碟星藻 *Discostella stelligera*（Cleve & Grunow）Houk & Klee
6：广缘小环藻近缘变种 *Cyclotella bodanica* var. *affinis* Grunow
7：山西爱德华藻 *Edtheriotia shanxiensis*（Xie & Qi）Kociolek, You, Stepanek, Lowe & Wang
8-9：可疑环冠藻 *Cyclostephanos dubius*（Hustedt）Round
10-11：梅尼小环藻 *Cyclotella meneghiniana* Kützing
12：眼斑小环藻 *Cyclotella ocellata* Pantocsek

图版 190

1-2：柄卵形藻 *Cocconeis pediculus* Ehrenberg
3：*Cocconeis neodiminuta* Krammer
4：扁圆卵形藻斜缝变种 *Cocconeis placentula* var. *klinoraphis* Geitler
5-6：*Cocconeis* sp.

图版 191

1-2：抚仙桥弯藻 *Cymbella fuxianensis* Li
3-4：中华桥弯藻 *Cymbella sinensis* Krammer

图版 192

1-2：簇生内丝藻 *Encyonema cespitosum* Kützing

3-4：奥尔斯瓦尔德内丝藻 *Encyonema auerswaldii* Rabenhorst
5-6：*Encyonema prostratum* (Berkely) Kützing
7-8：微小内丝藻 *Encyonema minutum* (Hilse) Mann

图版 193
1-5：短纹弯楔藻 *Rhoicosphenia abbreviata* (Agardh) Lange-Bertalot
6-7：较小异极藻 *Gomphonema minutum* (Agardh) Agardh
8-9：热带异极藻 *Gomphonema tropicale* Brun

图版 194
1-8：*Navicula gongii* Metzeltin & Li
9，11-12：隐弱舟形藻 *Navicula cryptotenelloides* Lange-Bertalot
10：隐伪舟形藻 *Navicula cryptofallax* Lange-Bertalot & Hofmann

图　版

图 版

图版 1

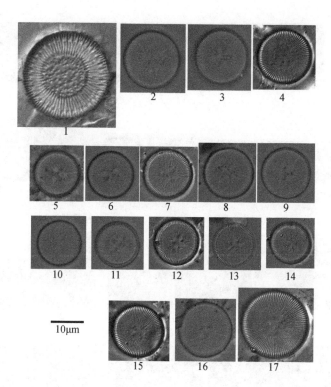

图版 2

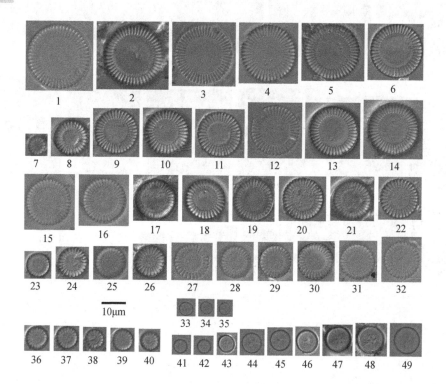

图版 3

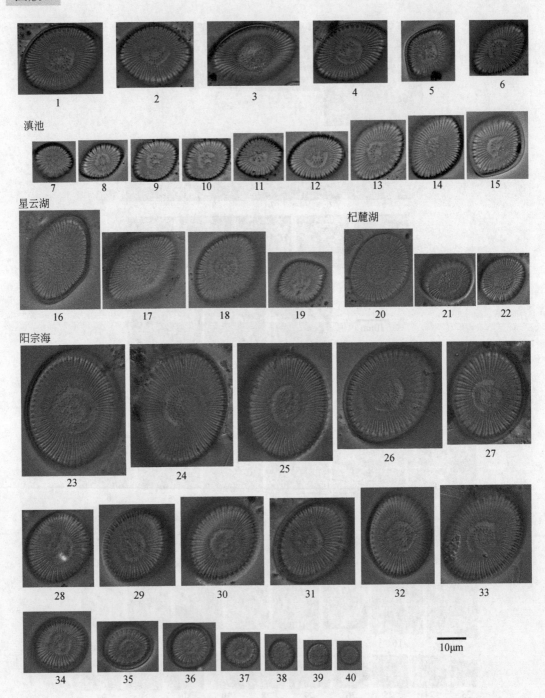

滇池

星云湖　　　　　　　　　　　　　　　　杞麓湖

阳宗海

10μm

图 版

图版 4

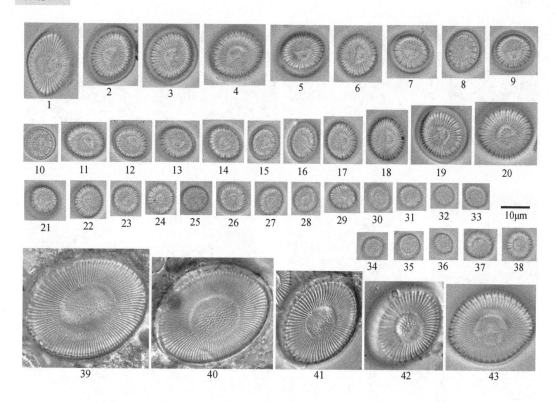

图版 5

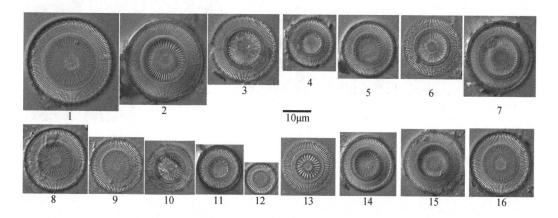

图版 6

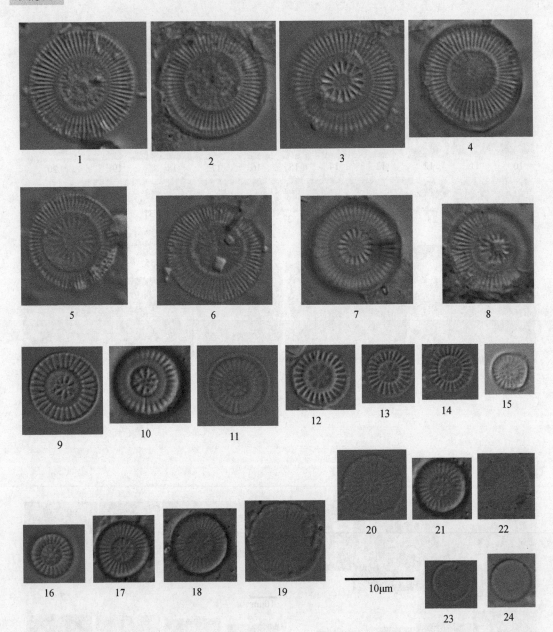

图 版

图版 7

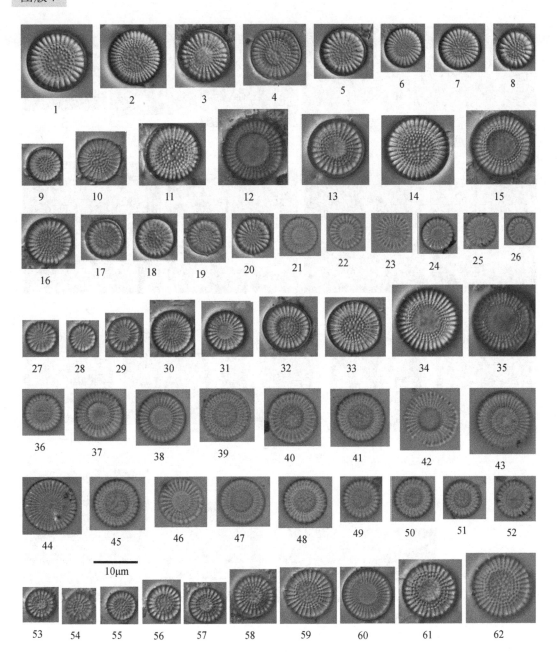

· 130 ·　　　　　　　　　　云南九大高原湖泊的硅藻

图版 8

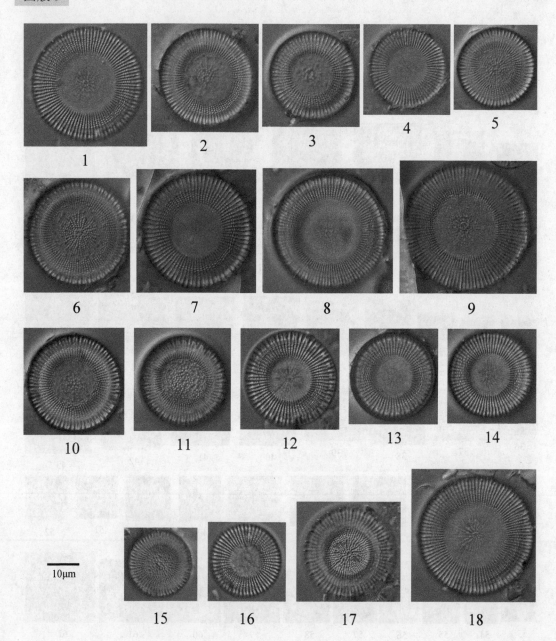

图 版 ·131·

图版 9

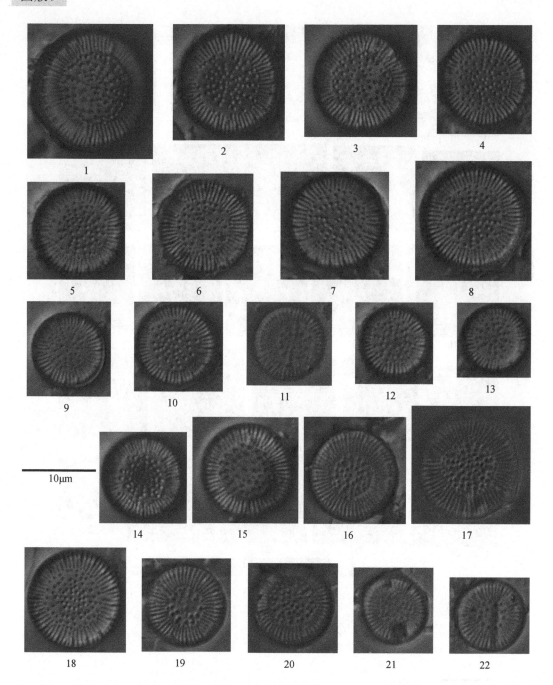

图版 10

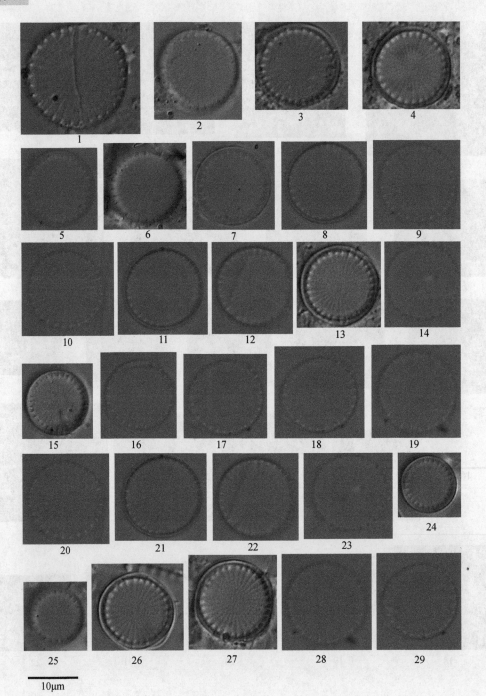

图 版

· 133 ·

图版 11

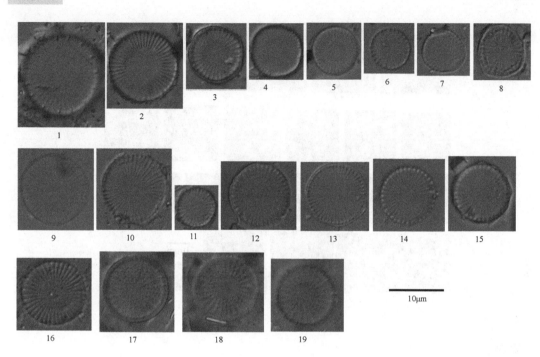

图版 12

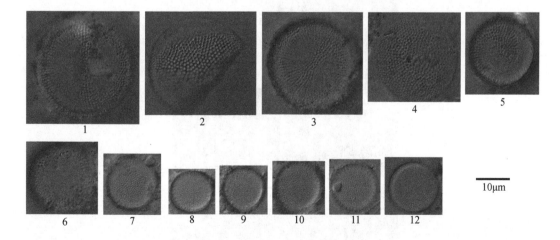

图版 13

图版 14

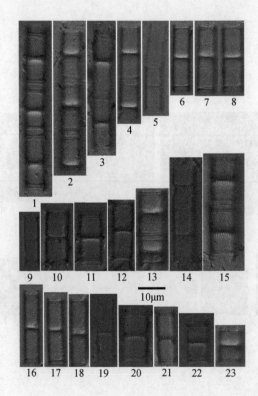

图 版

·135·

图版 15

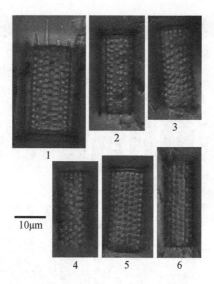

图版 16

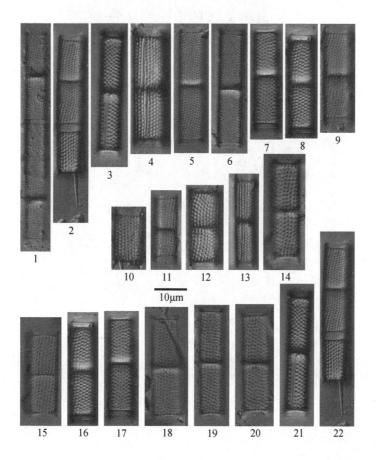

·136· 云南九大高原湖泊的硅藻

图版 17

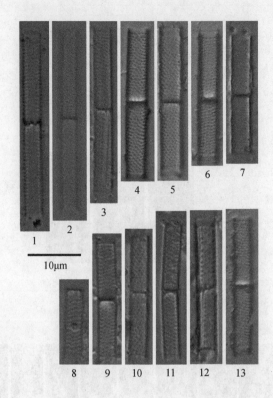

图版 18

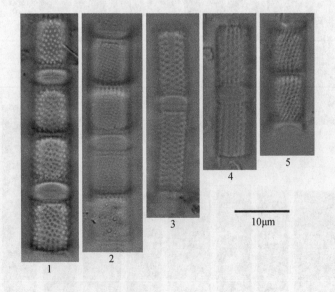

图 版

· 137 ·

图版 19

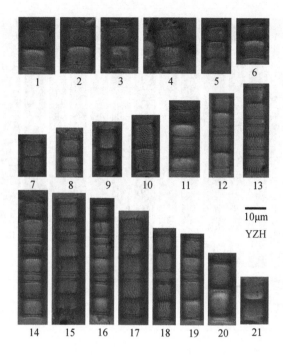

图版 20

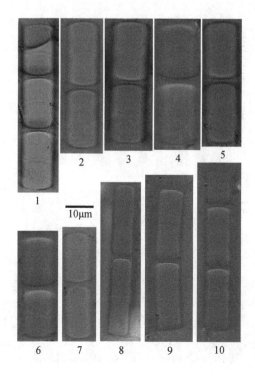

图版 21

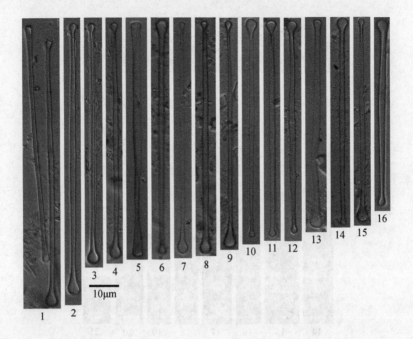

图版 22

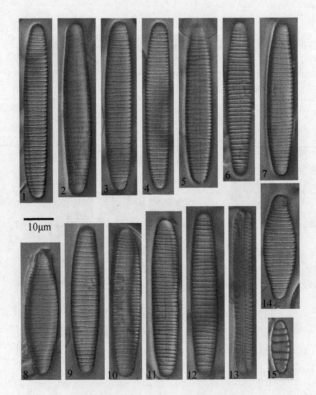

图 版

图版 23

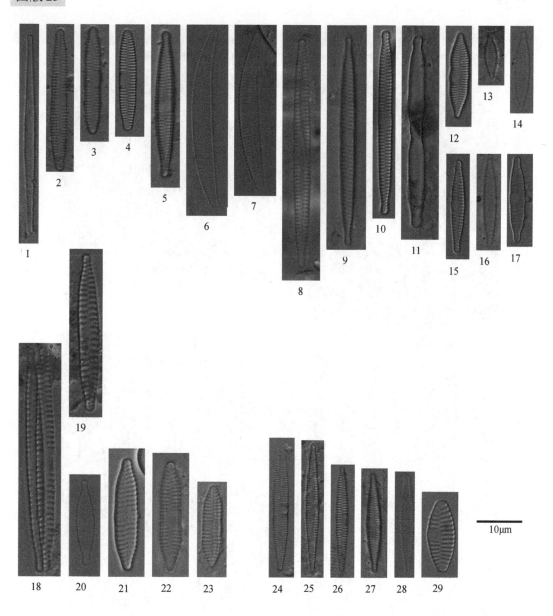

图版 24

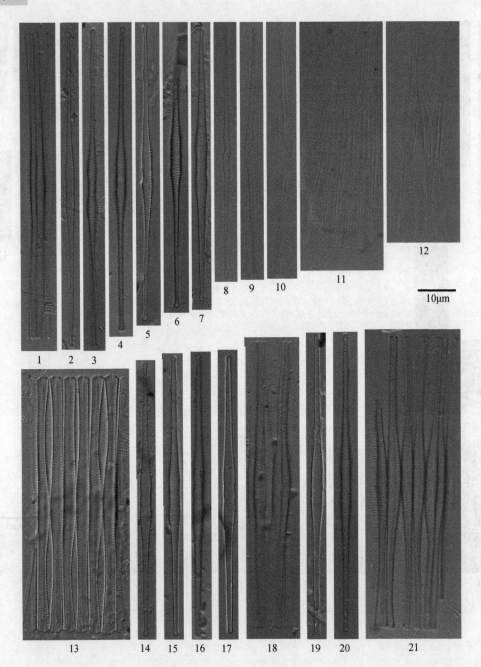

10μm

图 版

图版 25

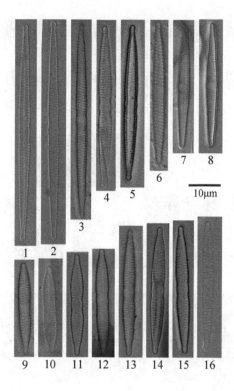

图版 26

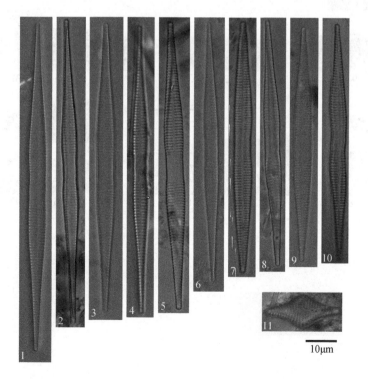

图版 27

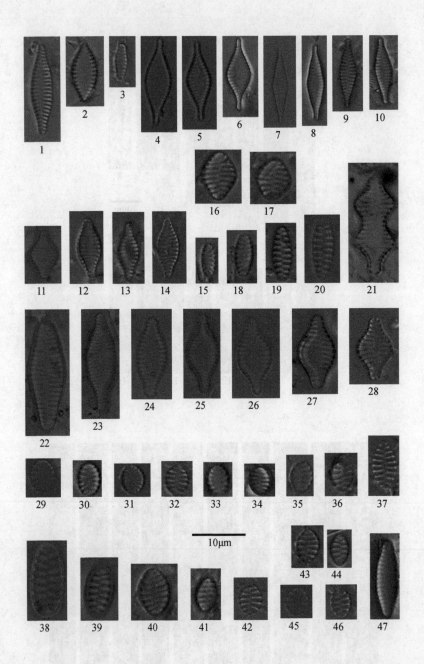

图　版

图版 28

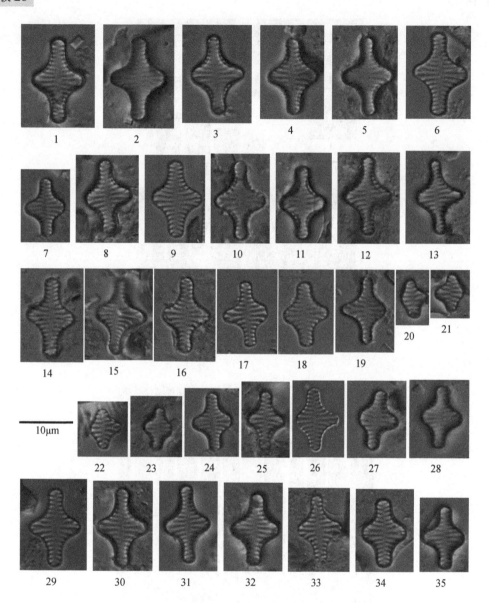

· 144 ·　　　　　　　　　　云南九大高原湖泊的硅藻

图版 29

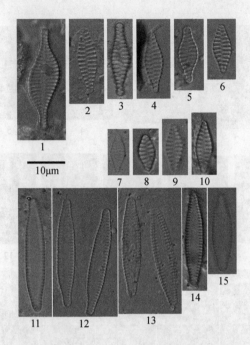

图版 30

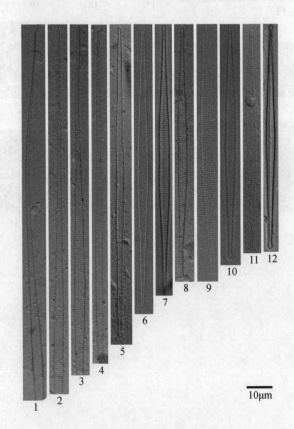

图 版

· 145 ·

图版 31

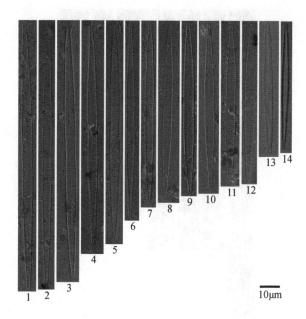

图版 32

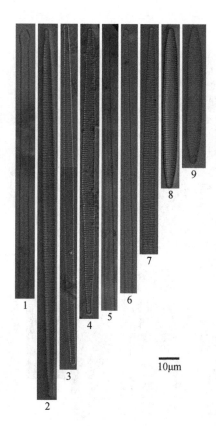

图版 33

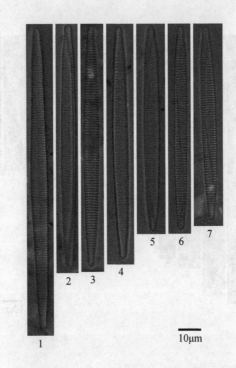

图版 34

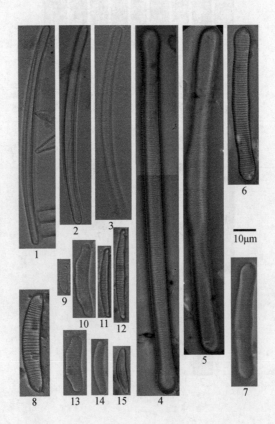

图 版

· 147 ·

图版 35

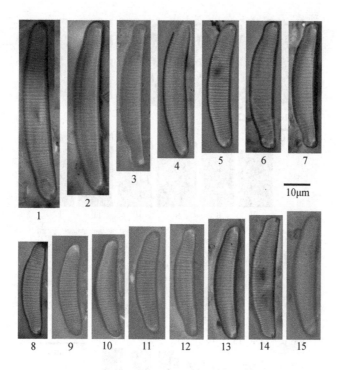

图版 36

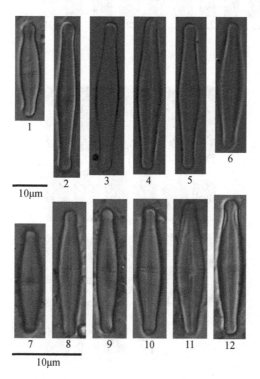

图版 37

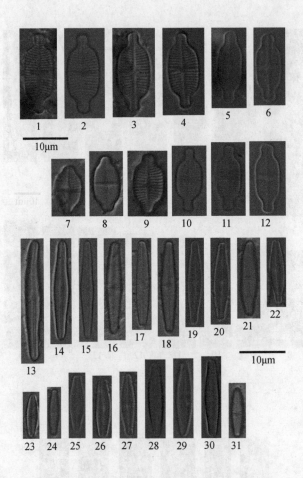

图版 38

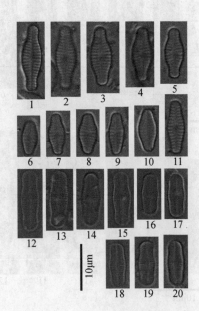

图 版

图版 39

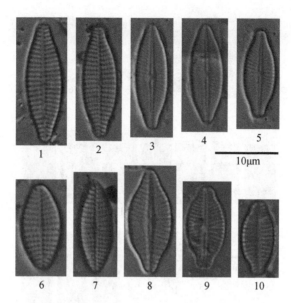

图版 40

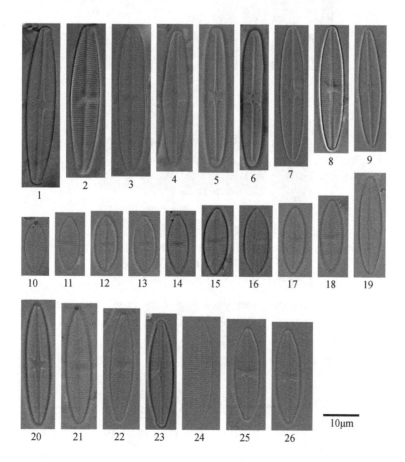

图版 41

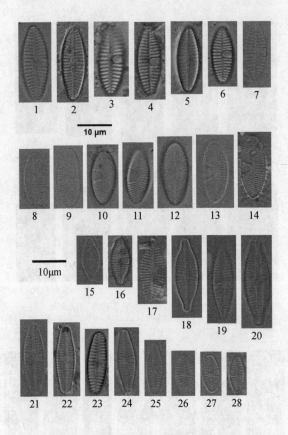

图版 42

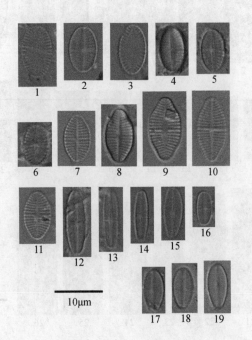

图版 43

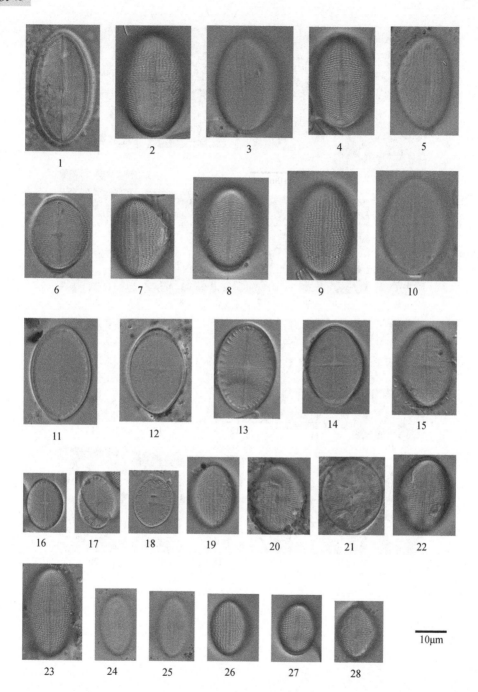

图版44

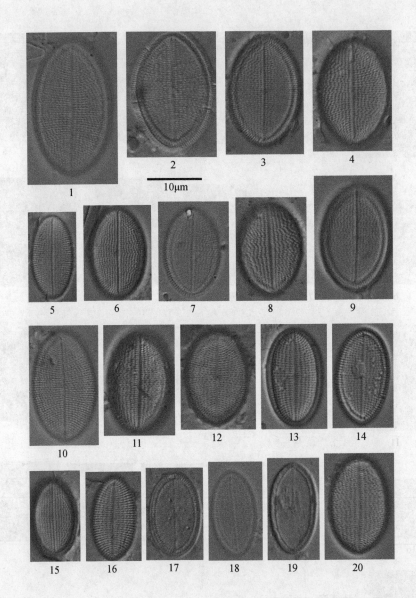

图 版

·153·

图版 45

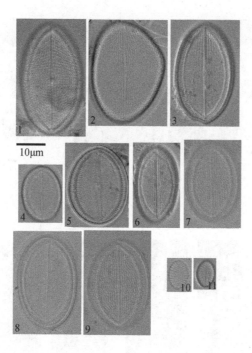

图版 46

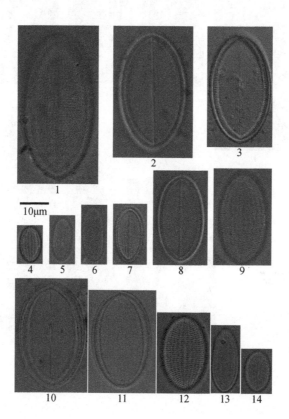

图版 47

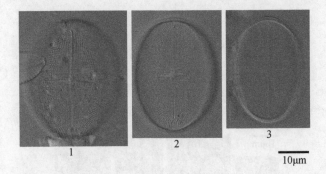

图版 48

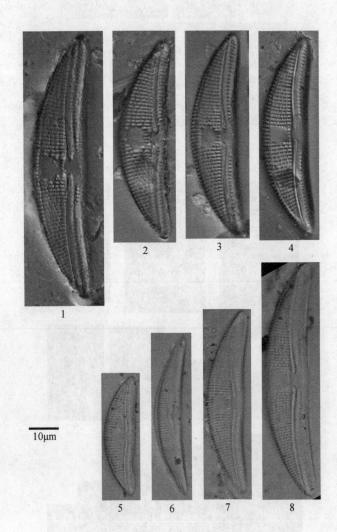

图 版

图版 49

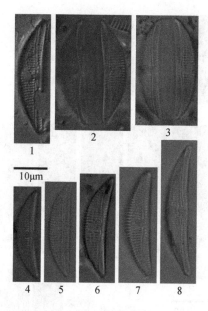

图版 50

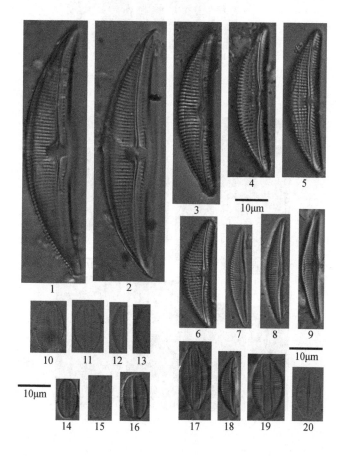

图版 51

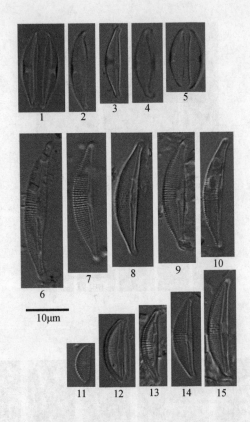

图版 52

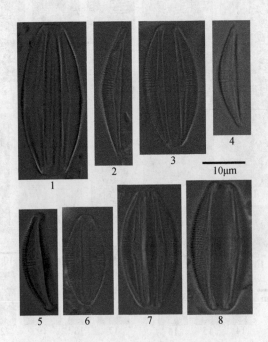

图 版

· 157 ·

图版 53

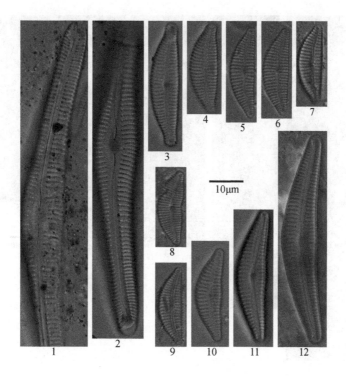

图版 54

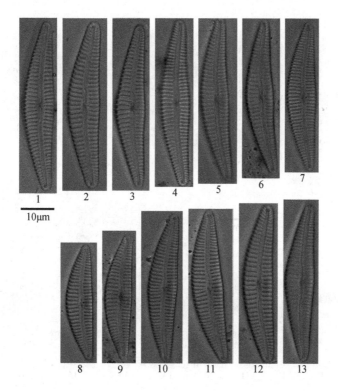

图版 55

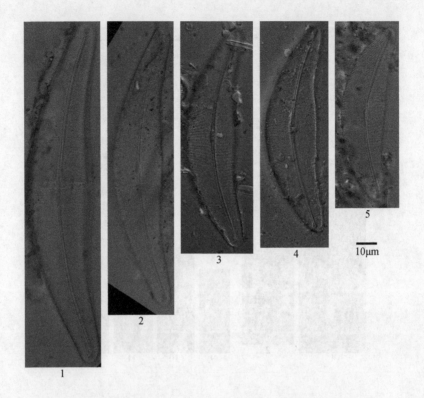

图版 56

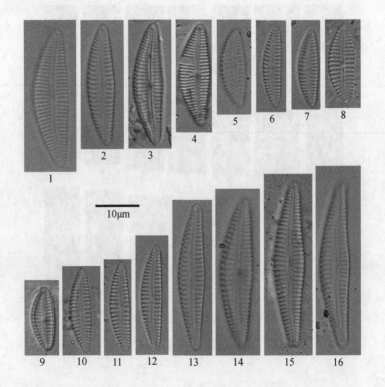

图版 57

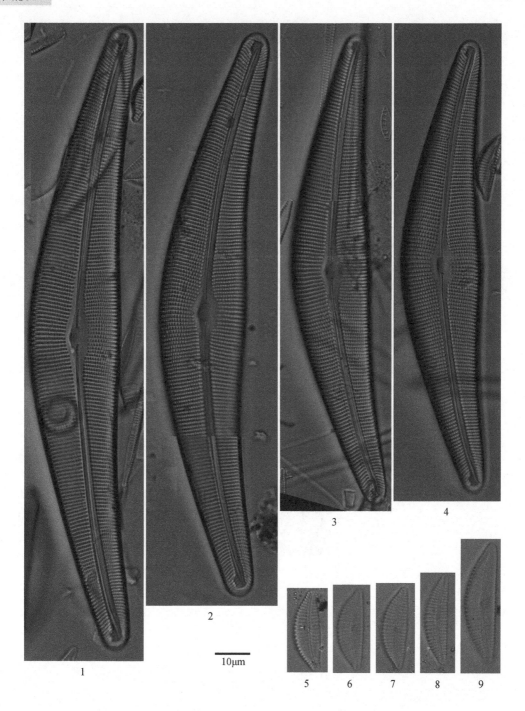

10μm

图版 58

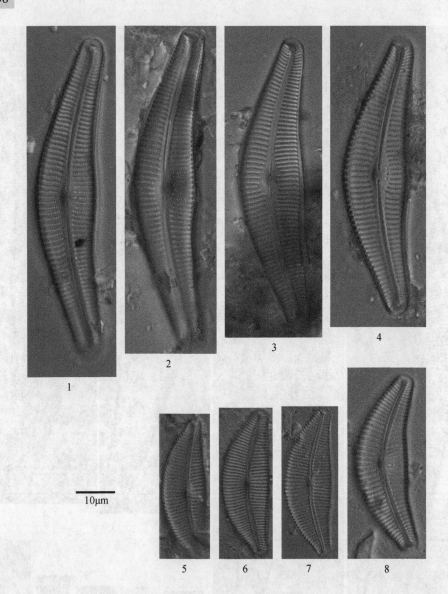

图 版

· 161 ·

图版 59

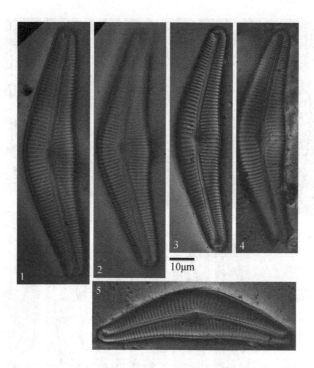

图版 60

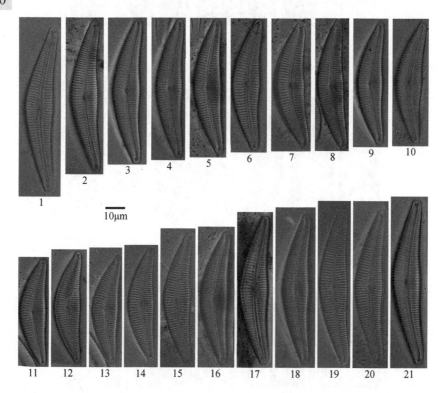

图版 61

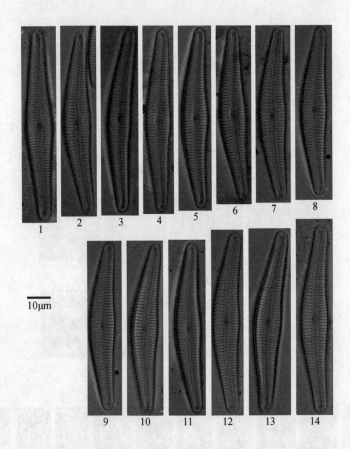

图版 62

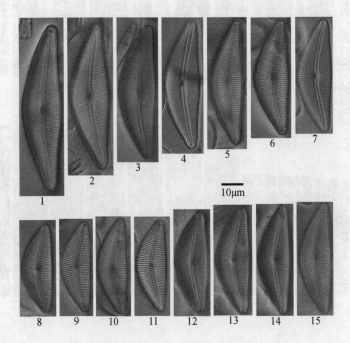

图 版

· 163 ·

图版 63

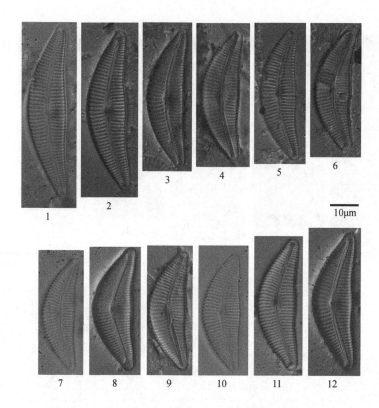

图版 64

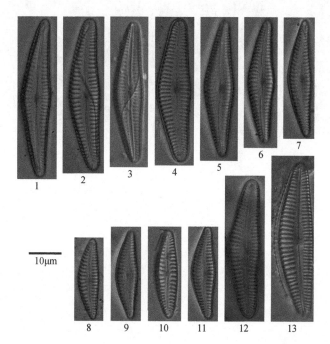

图版 65

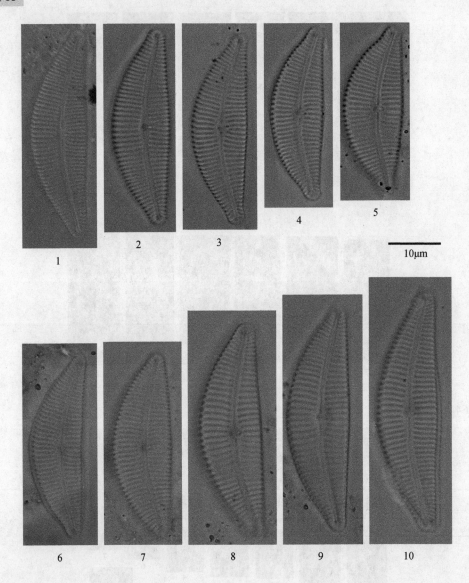

图 版

图版 66

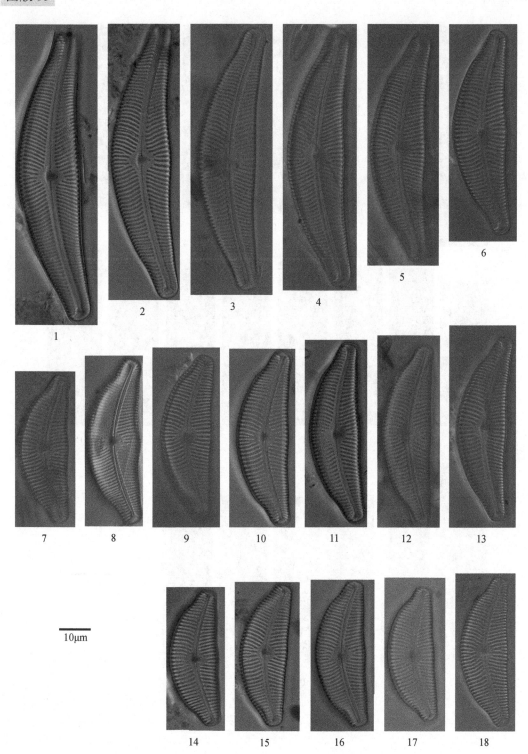

图版 67

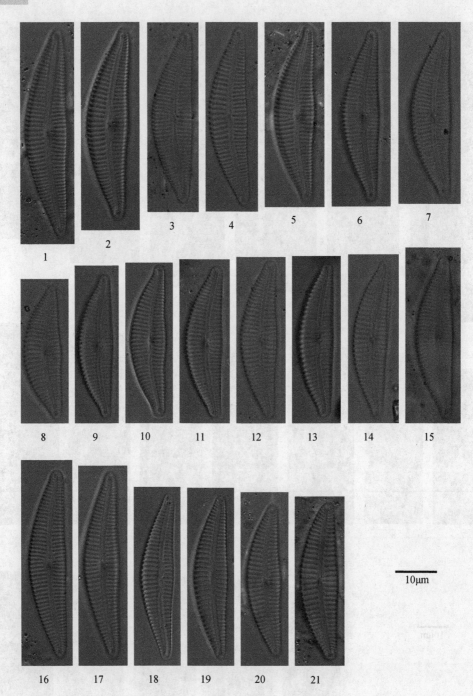

10μm

图 版

· 167 ·

图版 68

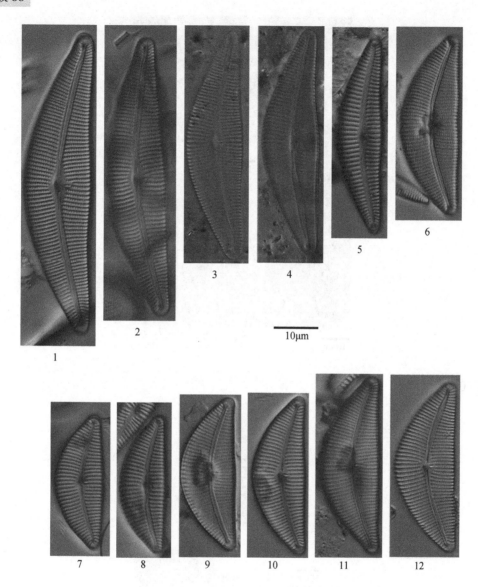

图版 69

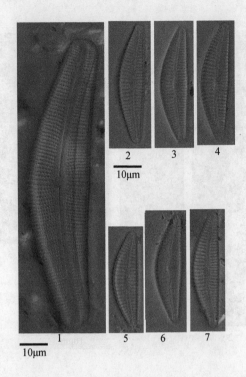

图版 70

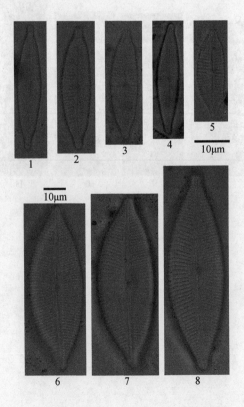

图 版

·169·

图版71

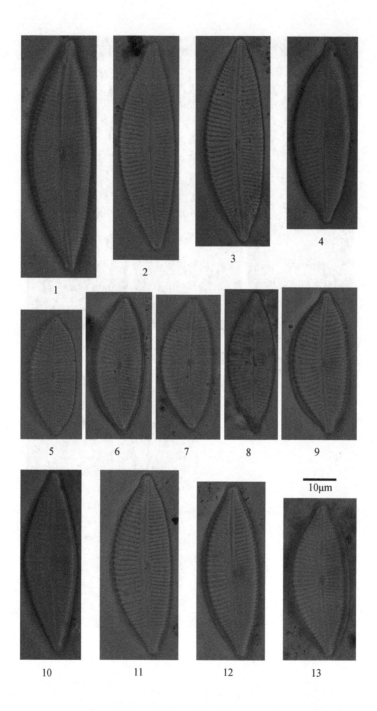

图版 72

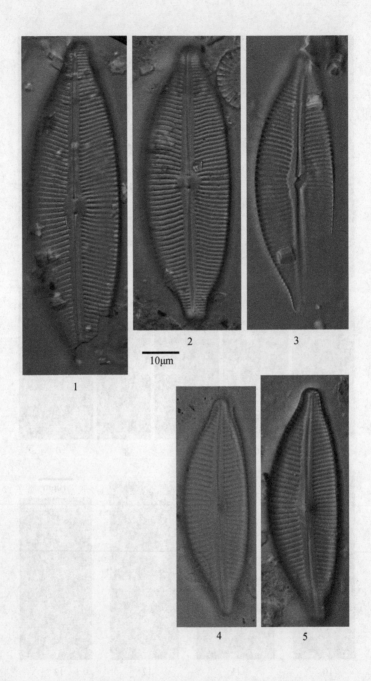

图 版

图版 73

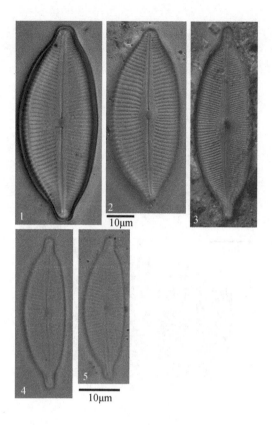

图版 74

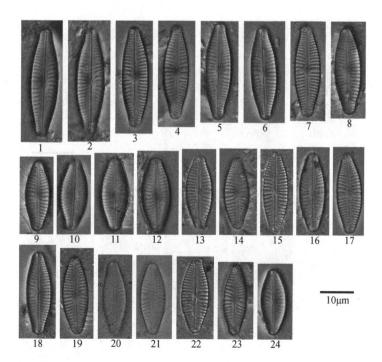

图版 75

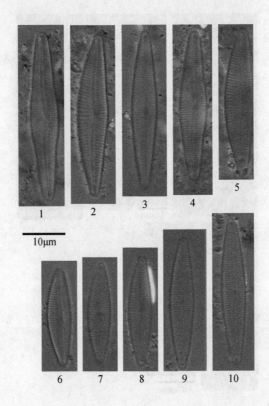

图版 76

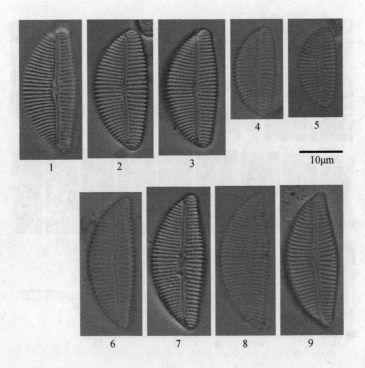

图 版

· 173 ·

图版 77

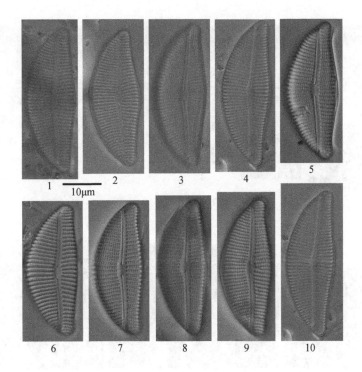

图版 78

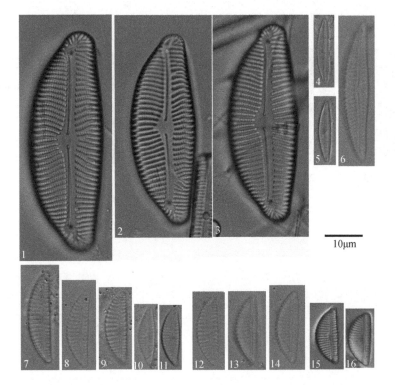

图版 79

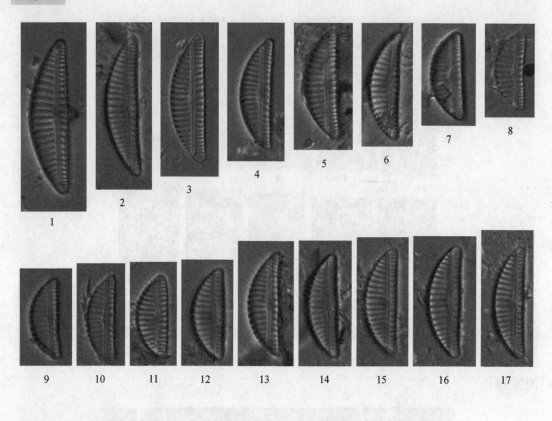

图版 80

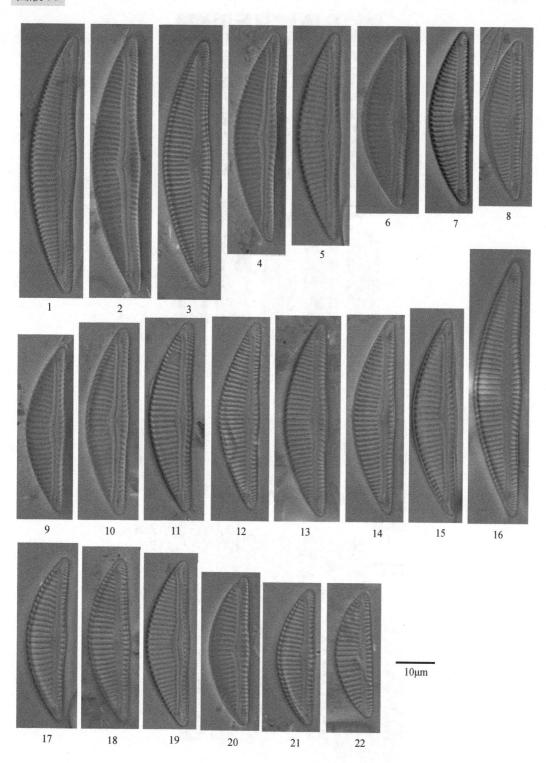

· 176 ·　云南九大高原湖泊的硅藻

图版 81

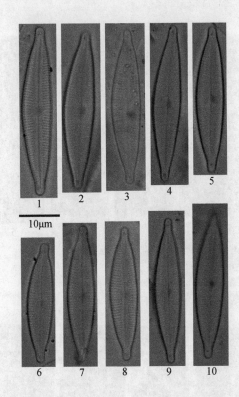

图版 82

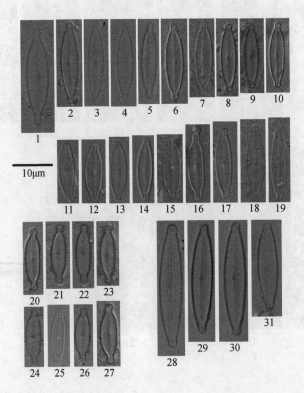

图 版

图版 83

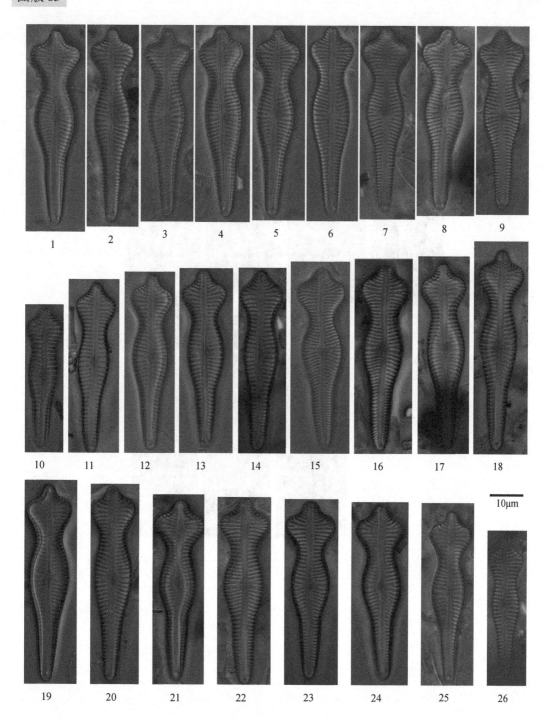

图版 84

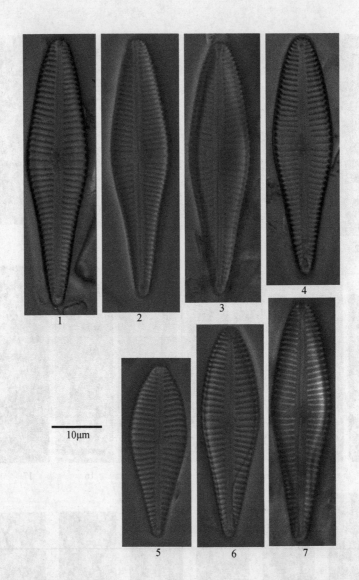

图 版

· 179 ·

图版 85

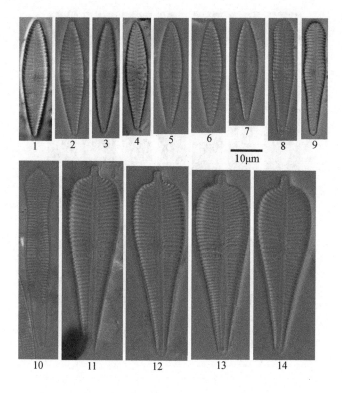

图版 86

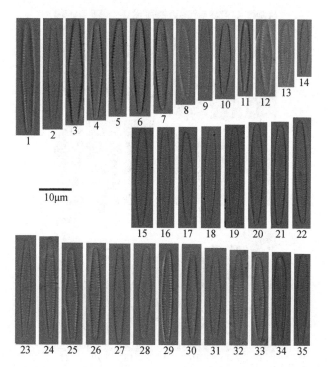

图版 87

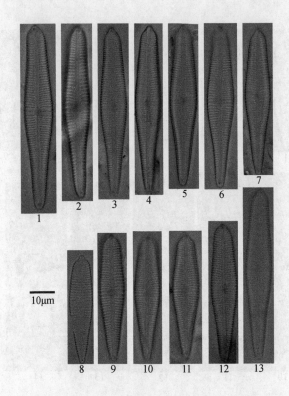

图版 88

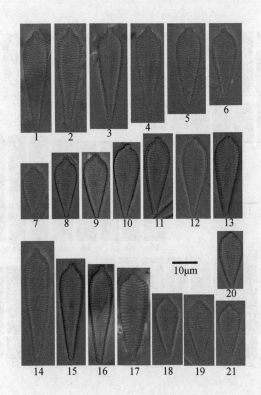

图 版

· 181 ·

图版 89

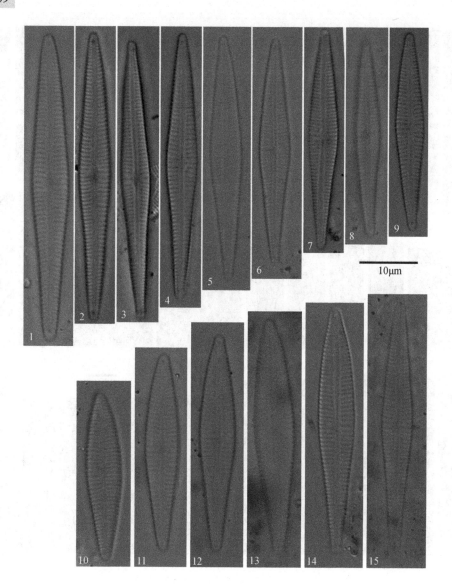

图版 90

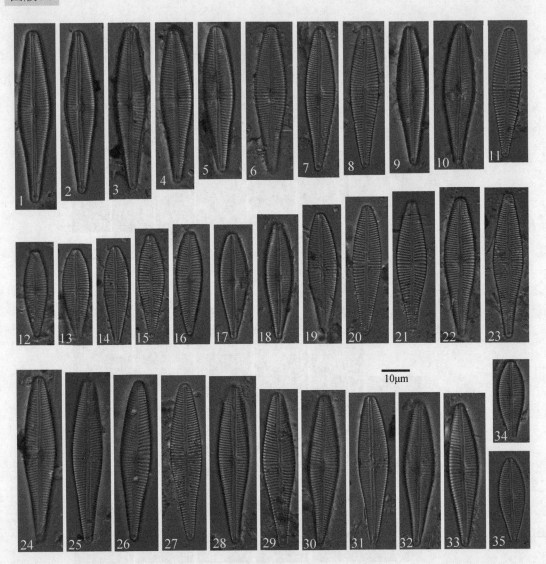

图 版

· 183 ·

图版 91

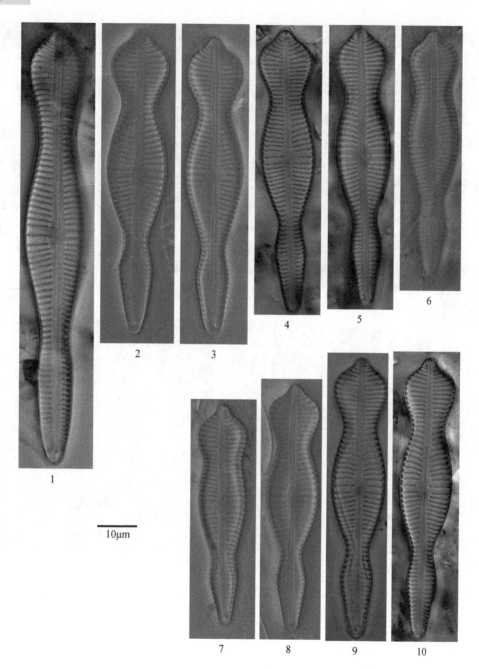

10μm

图版 92

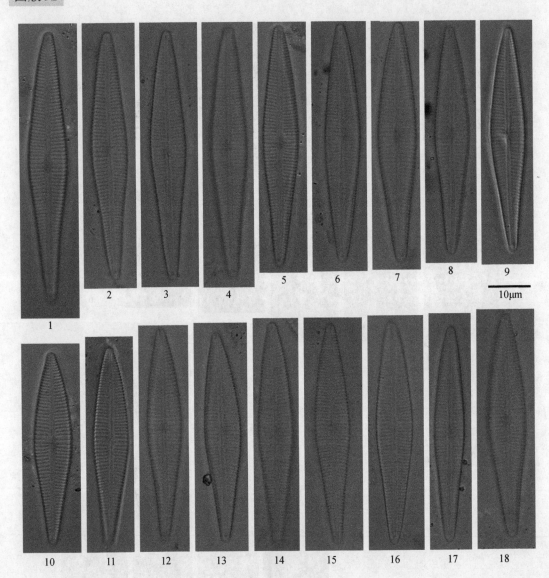

图 版

· 185 ·

图版93

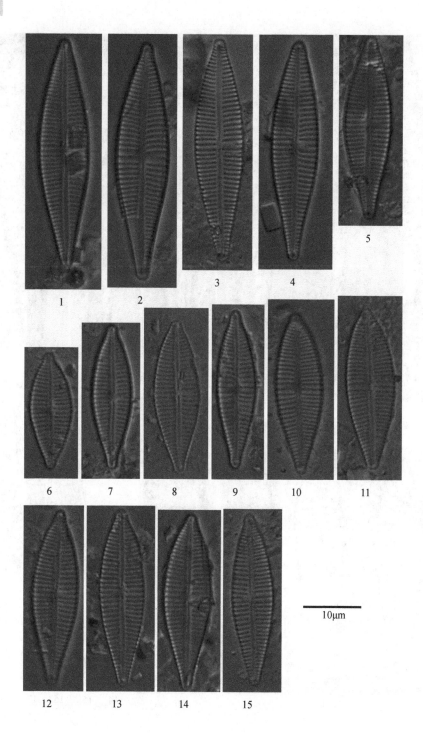

图版 94

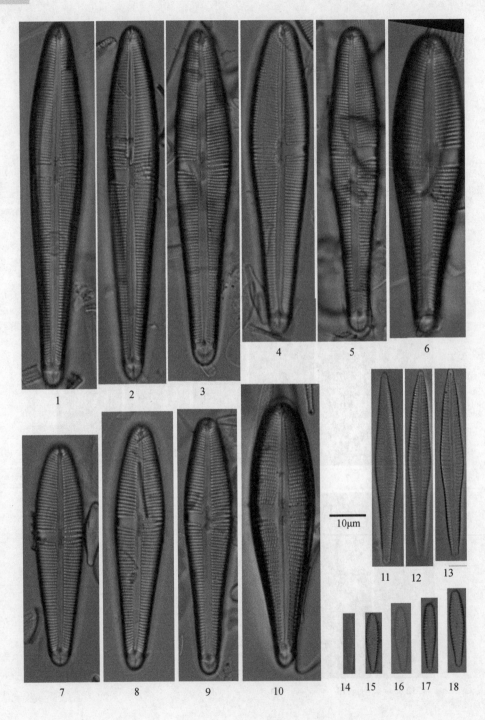

图 版

图版 95

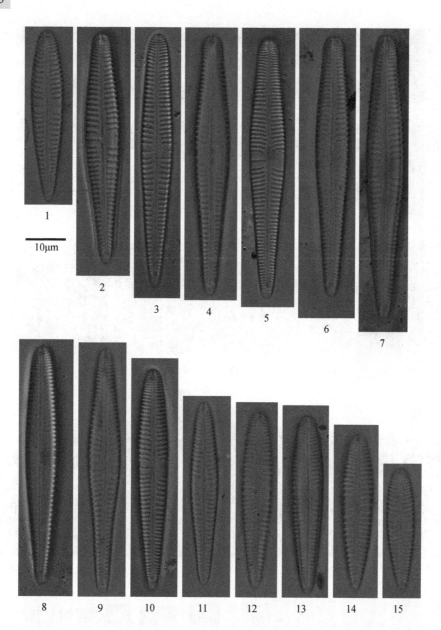

图版 96

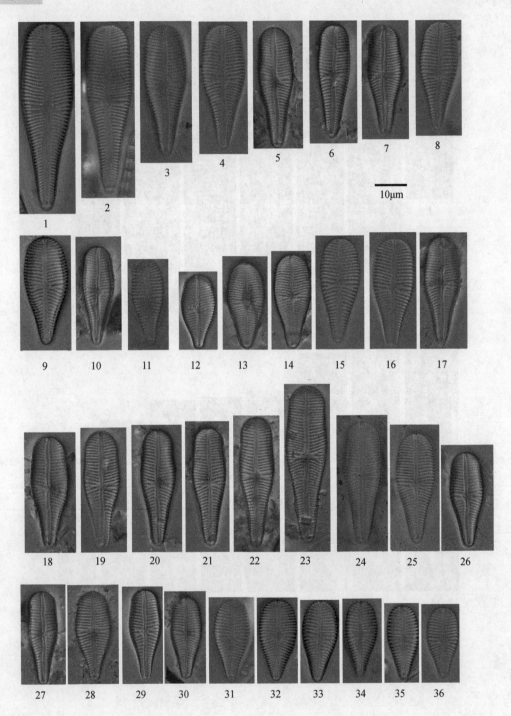

图 版

图版 97

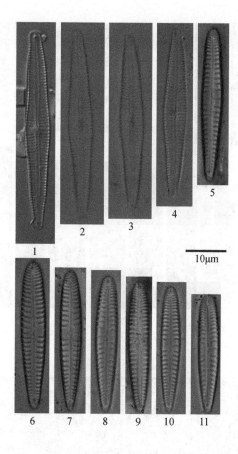

图版 98

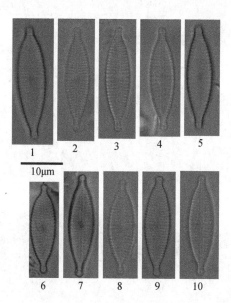

图版 99

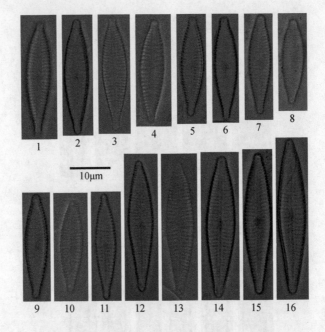

图版 100

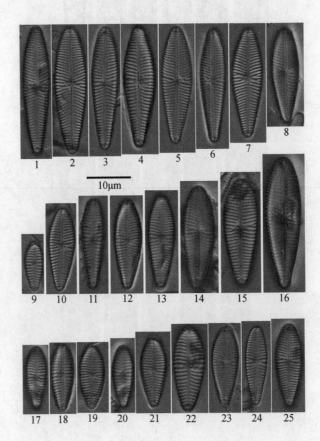

图 版

· 191 ·

图版 101

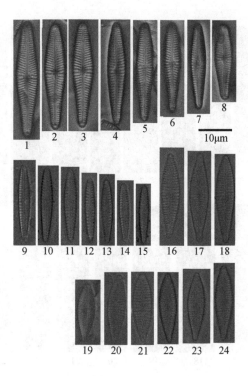

图版 102

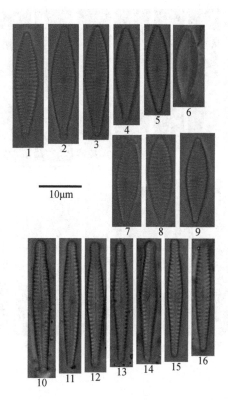

图版 103

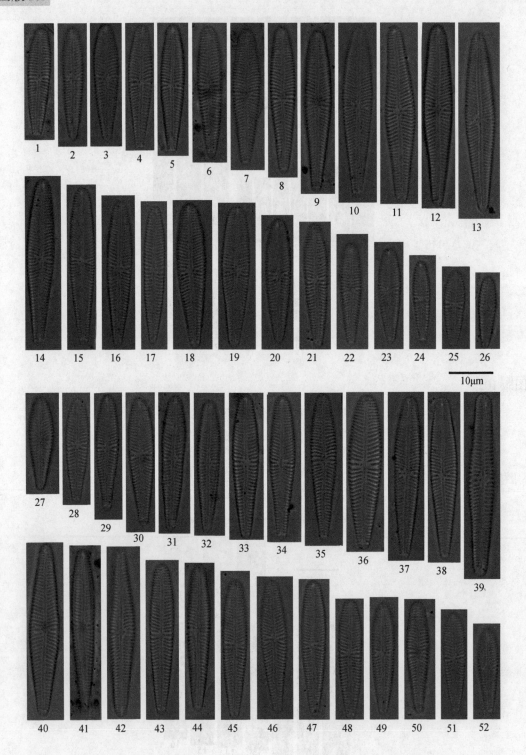

图 版 · 193 ·

图版 104

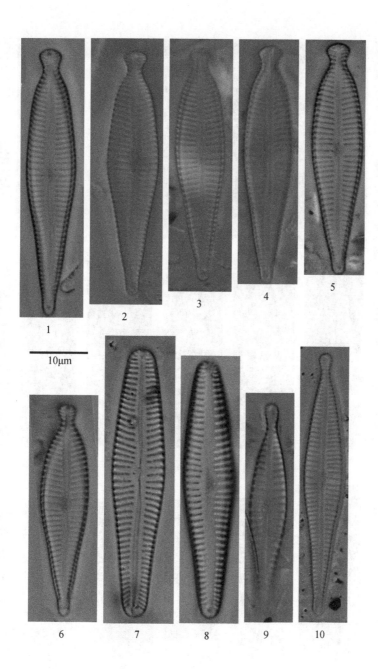

图版 105

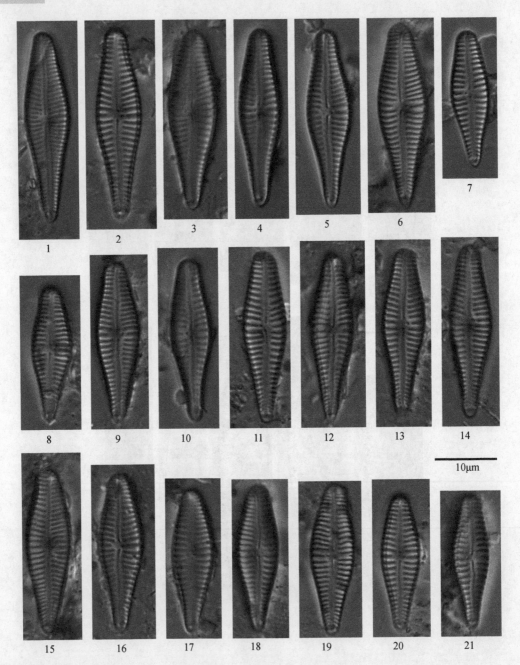

图 版

图版 106

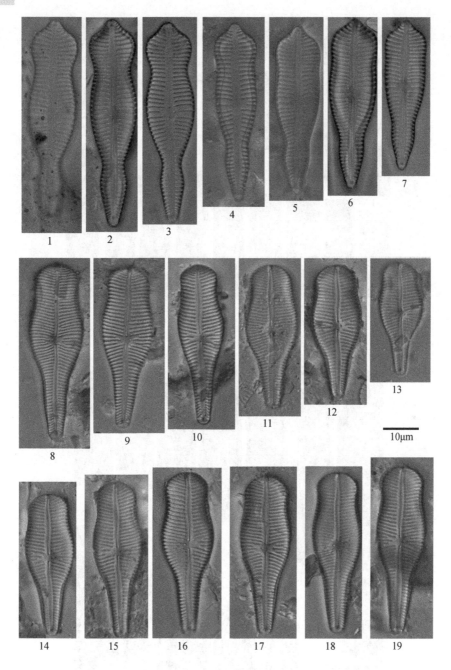

图版 107

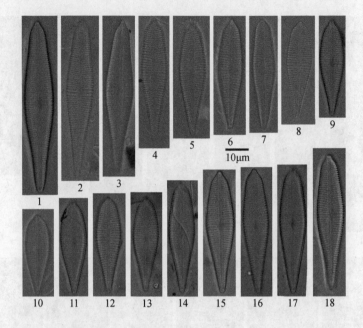

图版 108

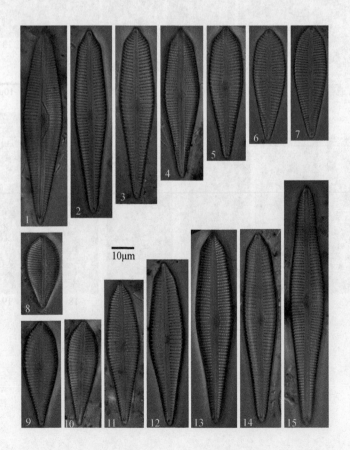

图 版 · 197 ·

图版 109

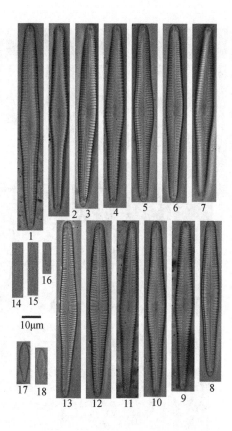

图版 110

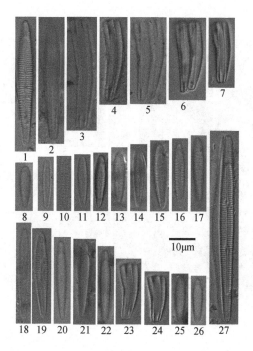

· 198 · 云南九大高原湖泊的硅藻

图版 111

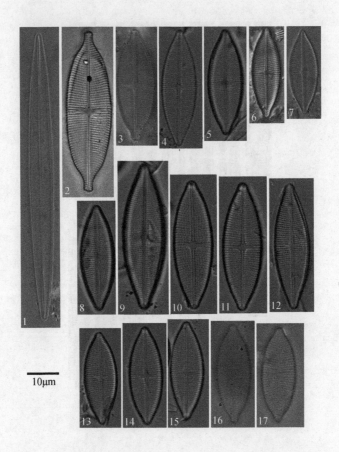

图版 112

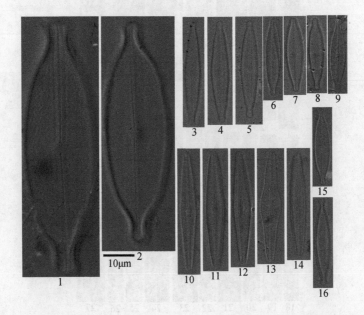

图 版

图版 113

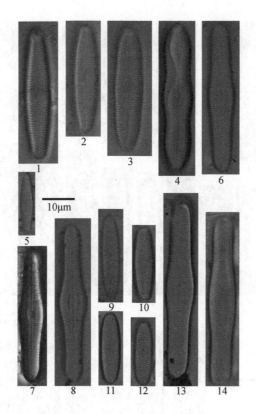

图版 114

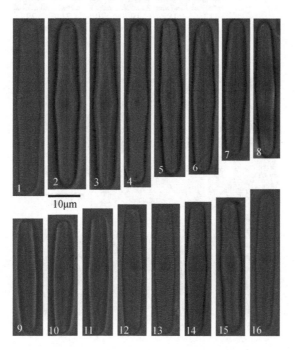

图版 115

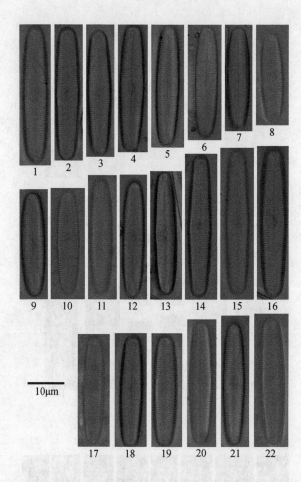

图版 116

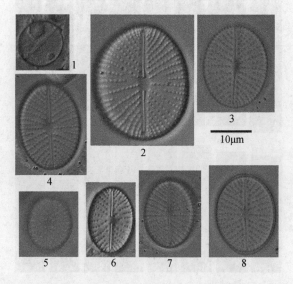

图 版

· 201 ·

图版 117

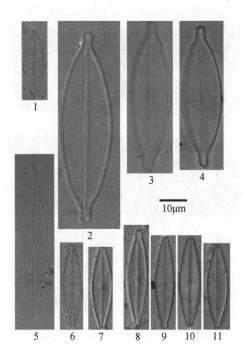

图版 118

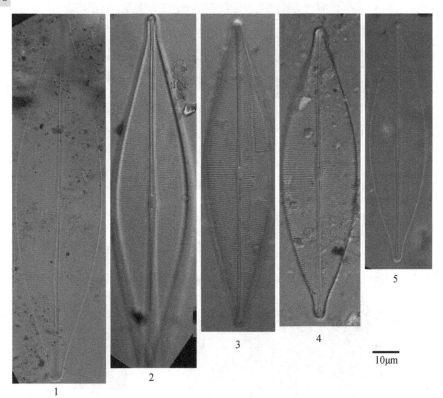

图版 119

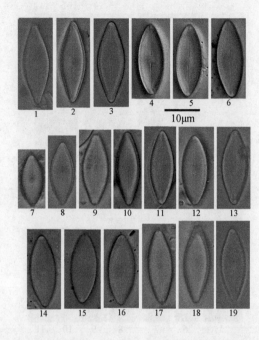

图版 120

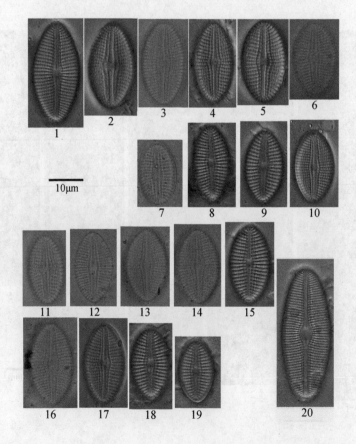

图 版

· 203 ·

图版 121

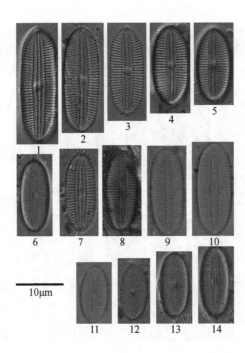

图版 122

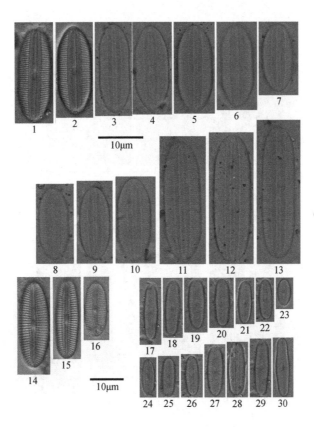

图版 123

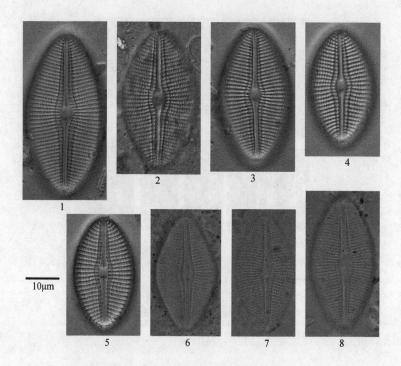

图版 124

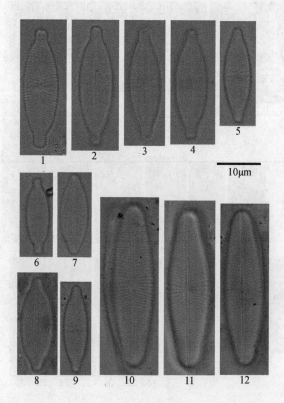

图 版

图版 125

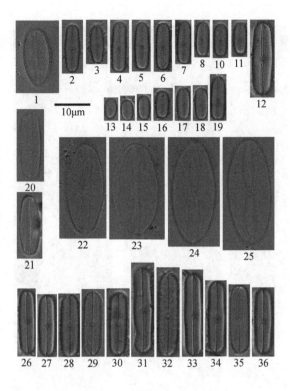

图版 126

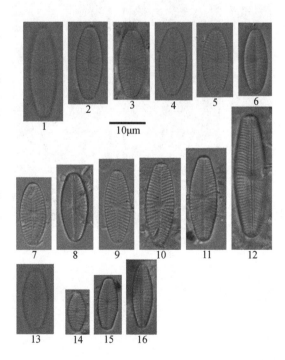

图版 127

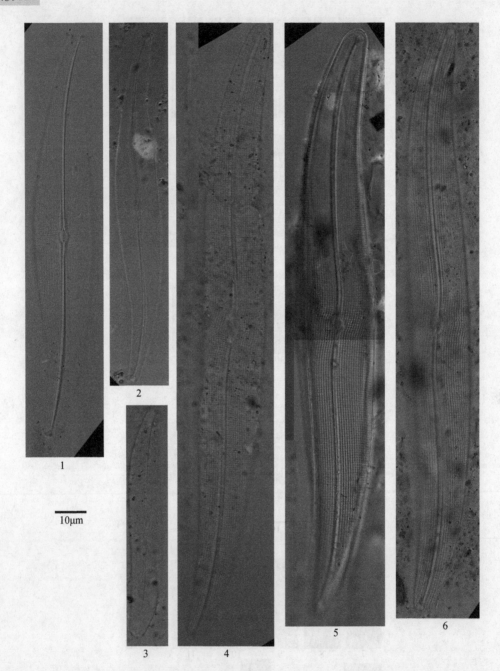

图 版

图版128

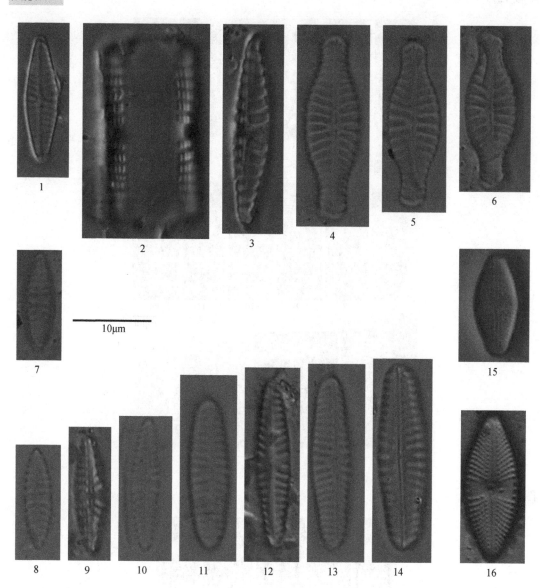

· 208 · 云南九大高原湖泊的硅藻

图版 129

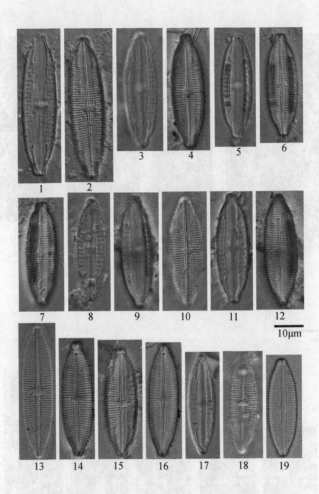

图版 130

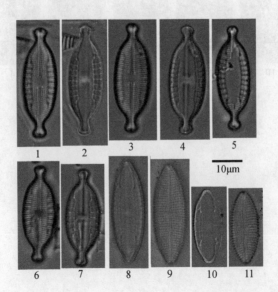

图 版

图版 131

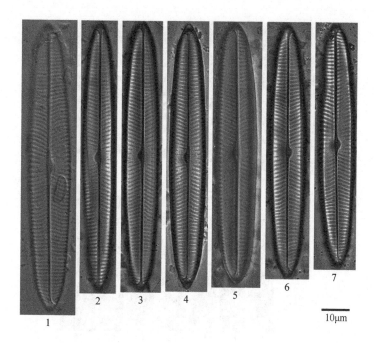

图版 132

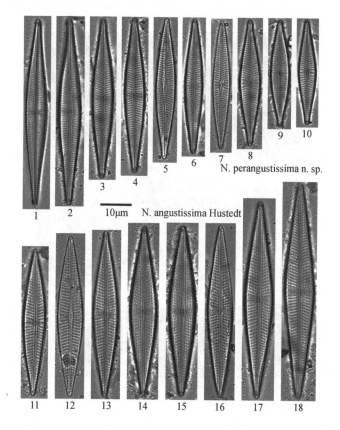

N. perangustissima n. sp.

N. angustissima Hustedt

图版 133

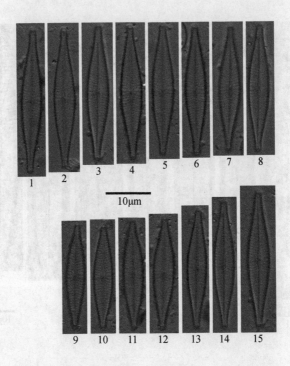

图版 134

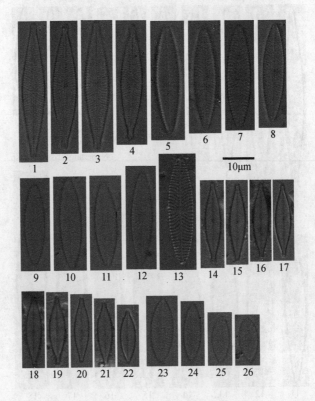

图 版

图版 135

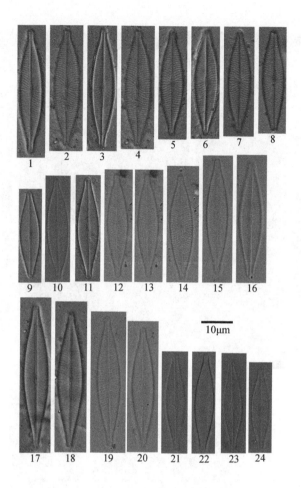

图版 136

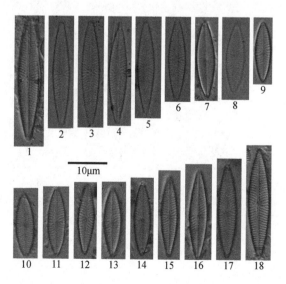

图版 137

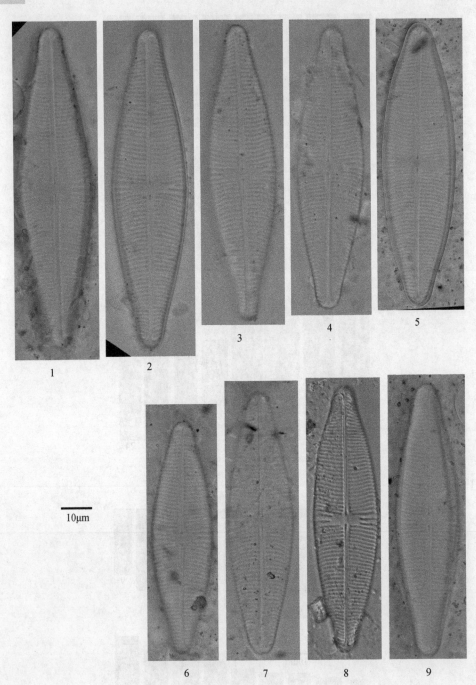

图 版 ·213·

图版 138

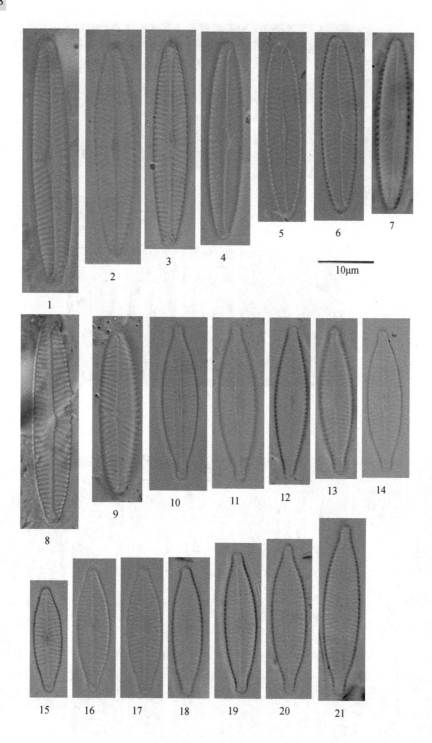

图版 139

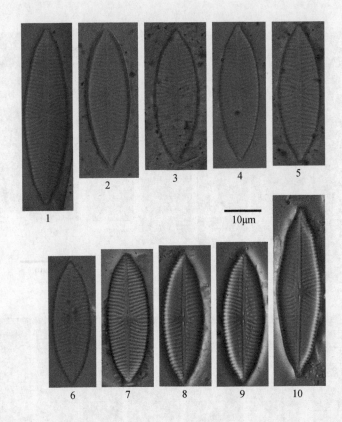

图版 140

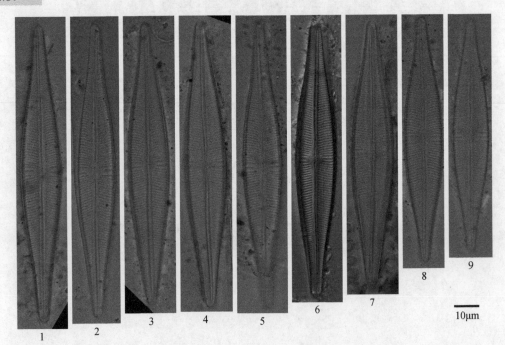

图 版

图版 141

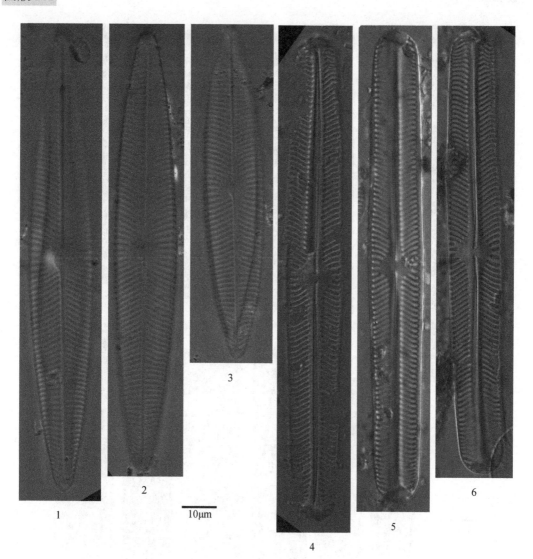

10μm

图版 142

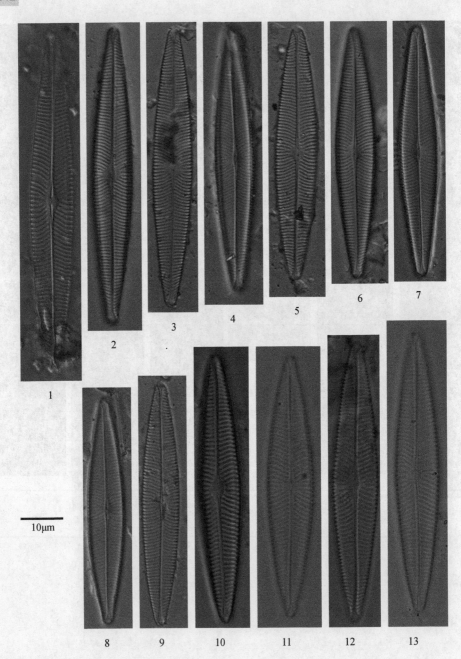

图 版

图版 143

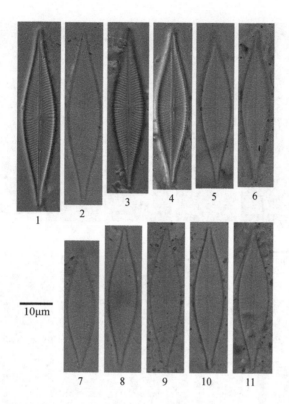

图版 144

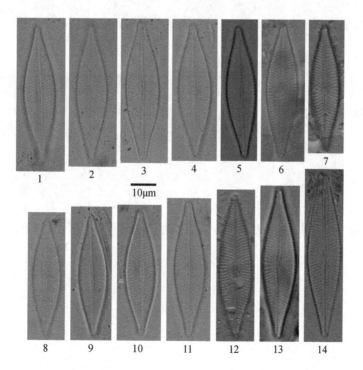

图版 145

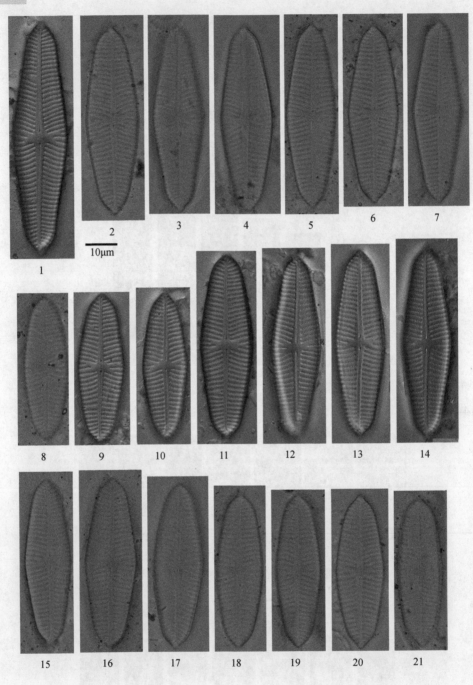

图 版

图版 146

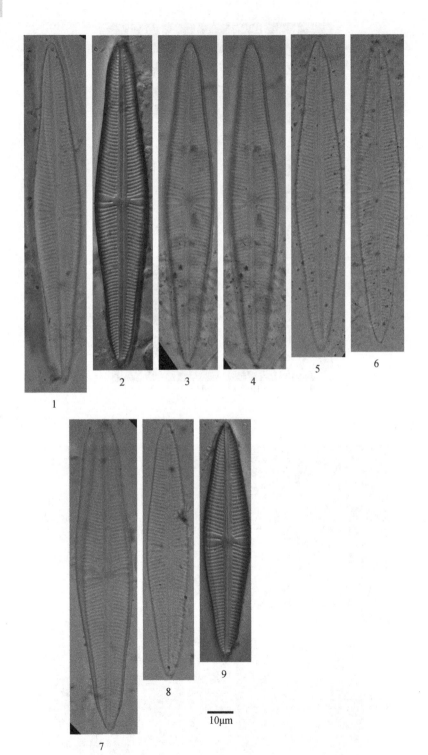

图版 147

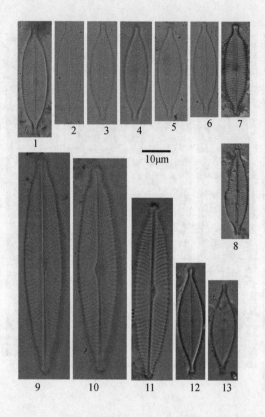

图版 148

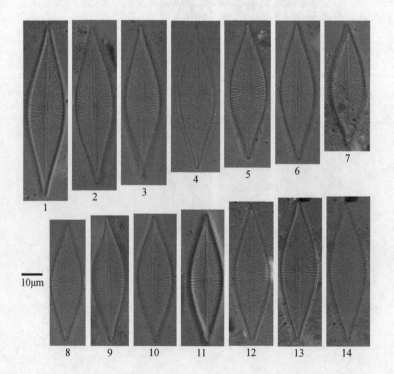

图版 149

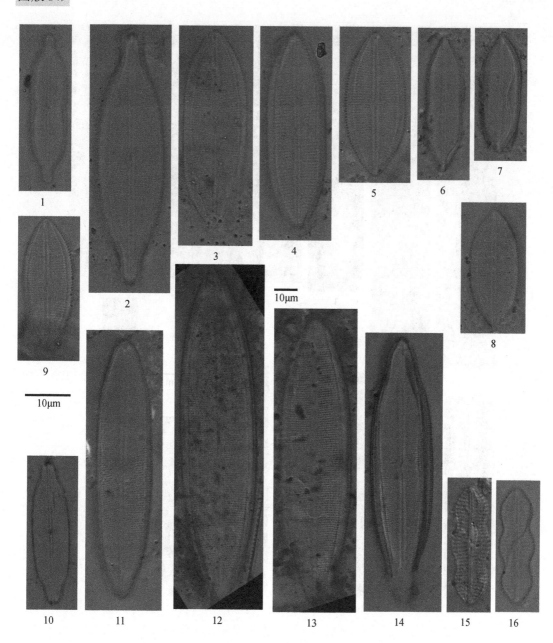

图版 150

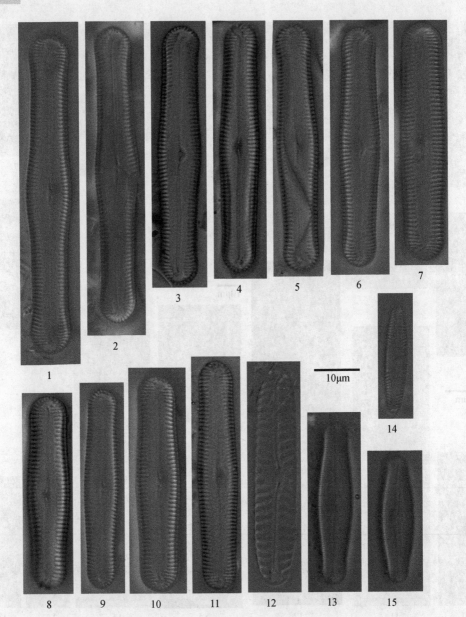

图版 151

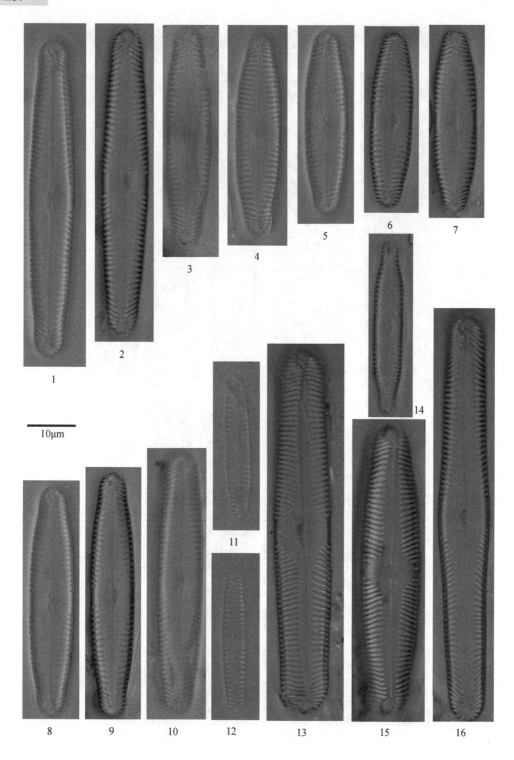

图版 152

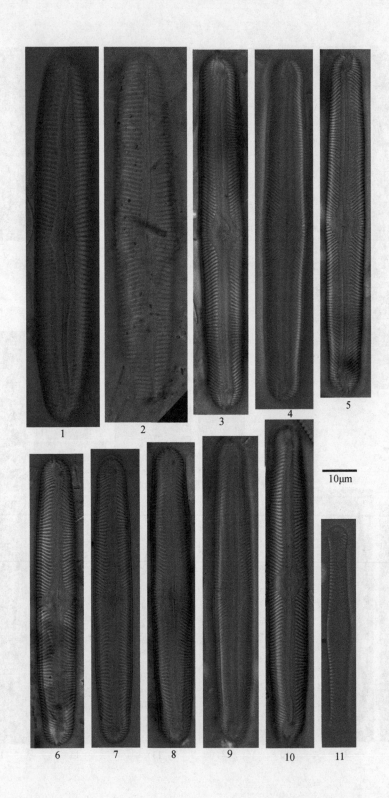

图 版

·225·

图版 153

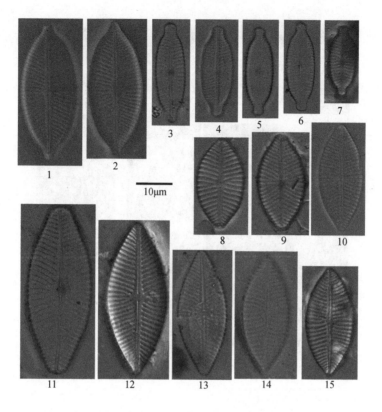

图版 154

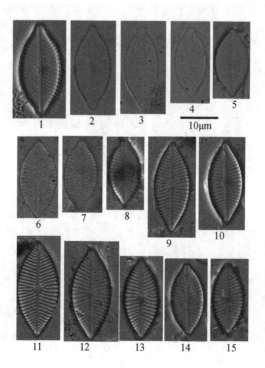

图版 155

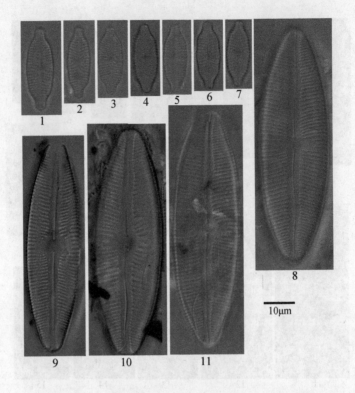

图版 156

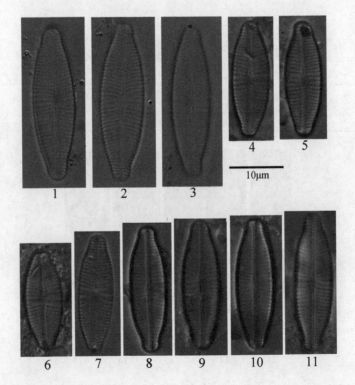

图版

· 227 ·

图版 157

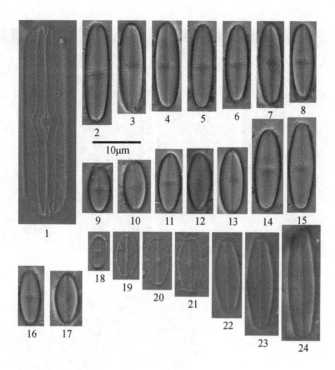

图版 158

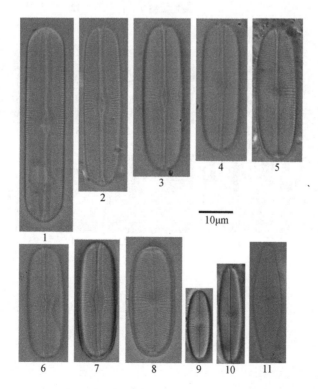

图版 159

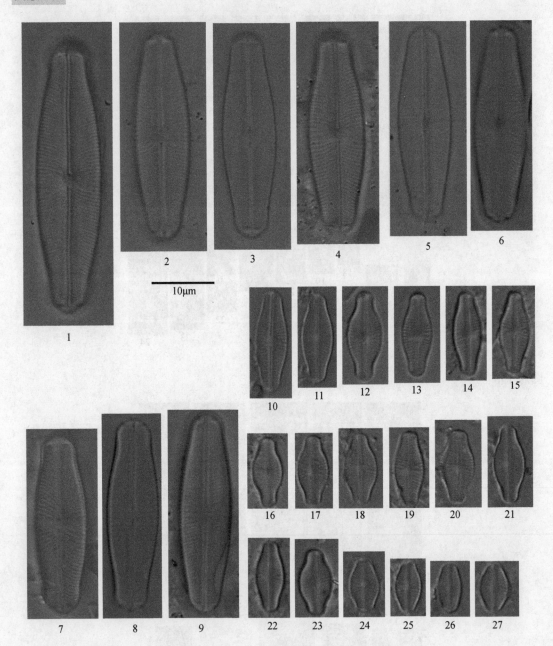

图版 160

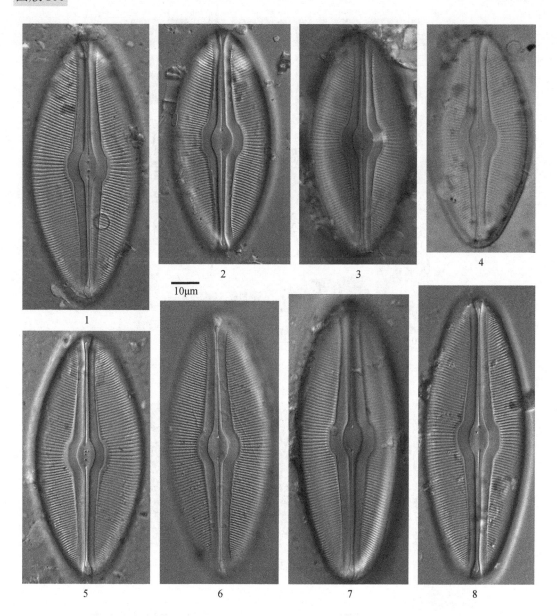

图版 161

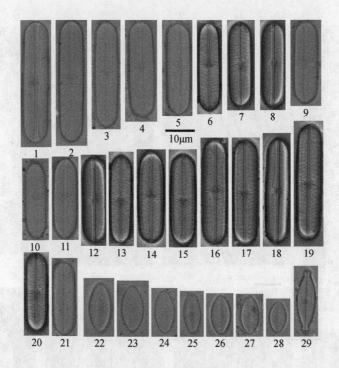

图版 162

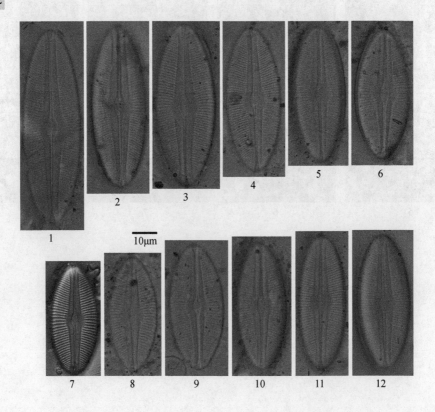

图 版

图版 163

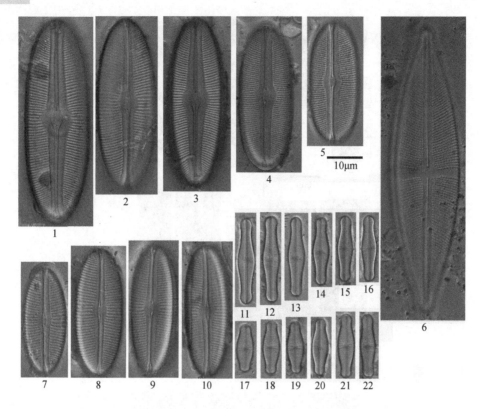

图版 164

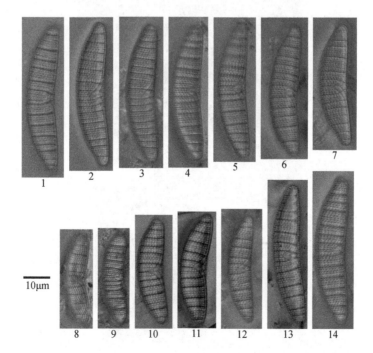

图版 165

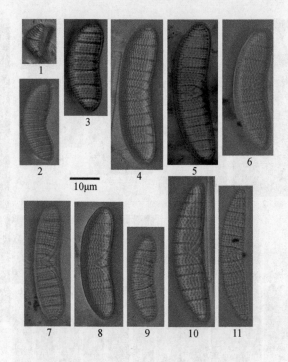

图版 166

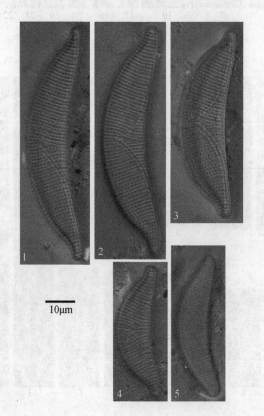

图 版

·233·

图版 167

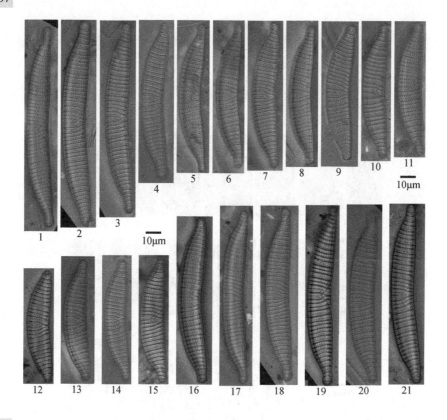

图版 168

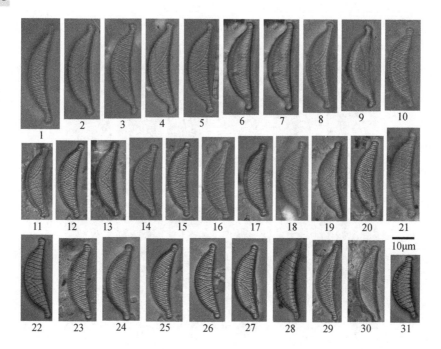

· 234 ·　云南九大高原湖泊的硅藻

图版 169

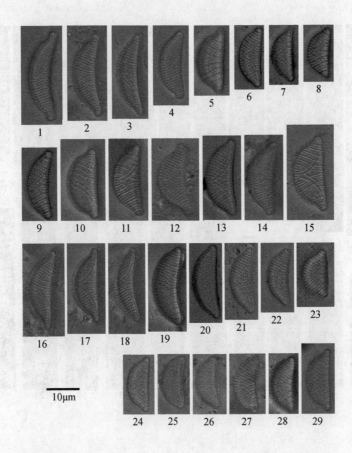

图版 170

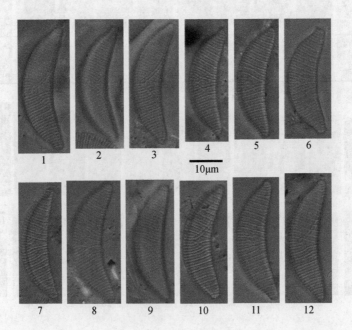

图版 171

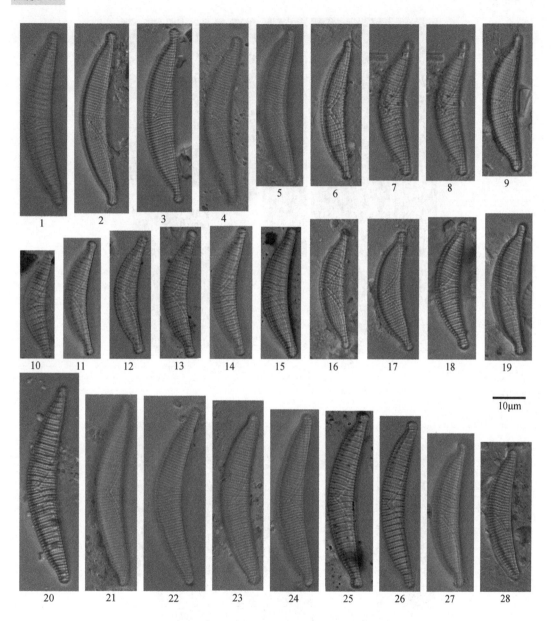

图版 172

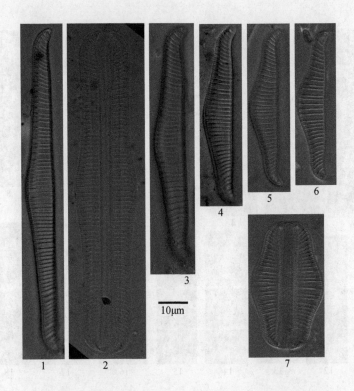

图版 173

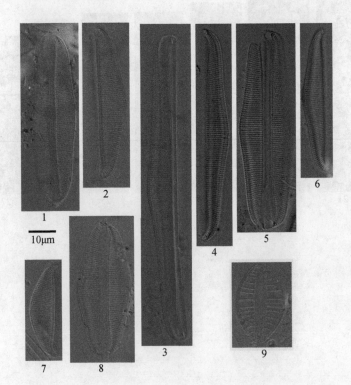

图 版

图版 174

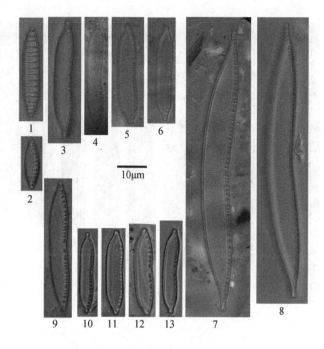

图版 175

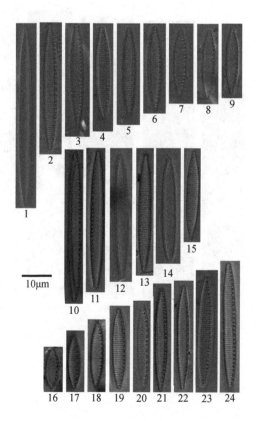

图版 176

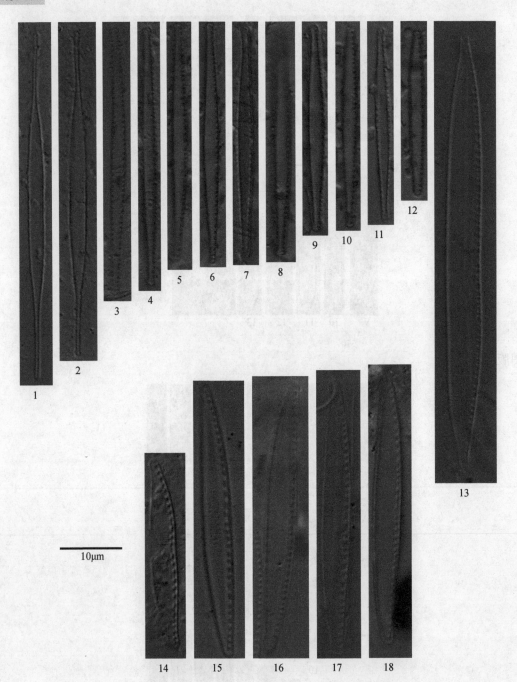

图 版

· 239 ·

图版 177

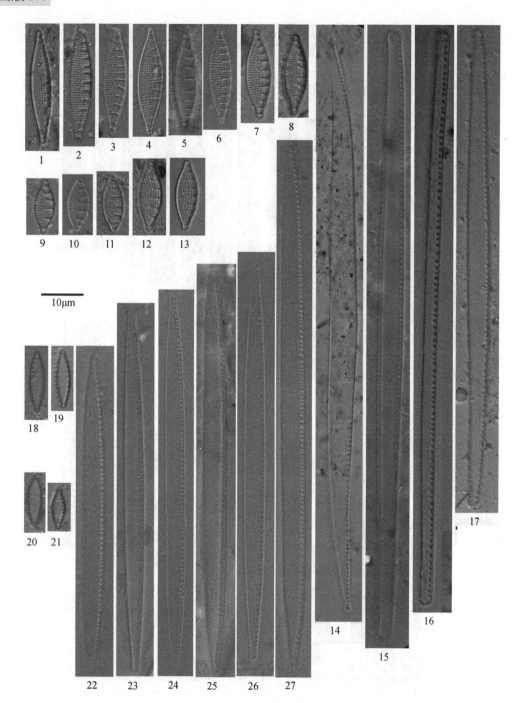

图版 178

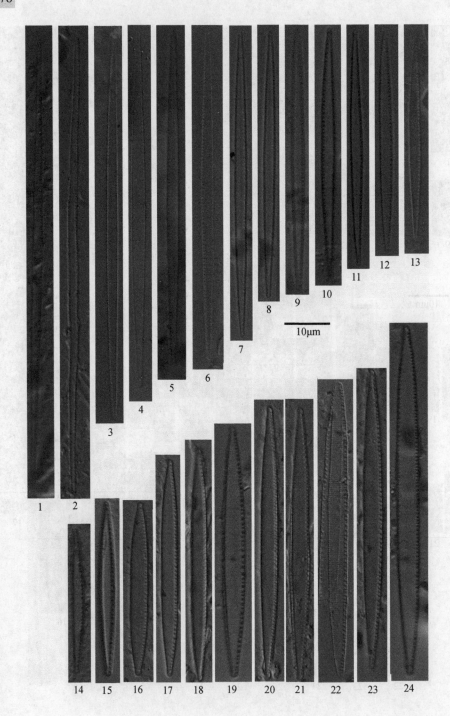

图 版

图版 179

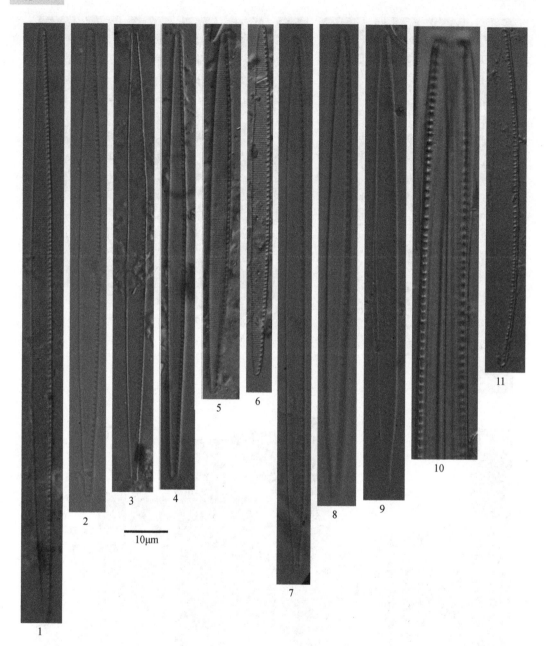

图版 180

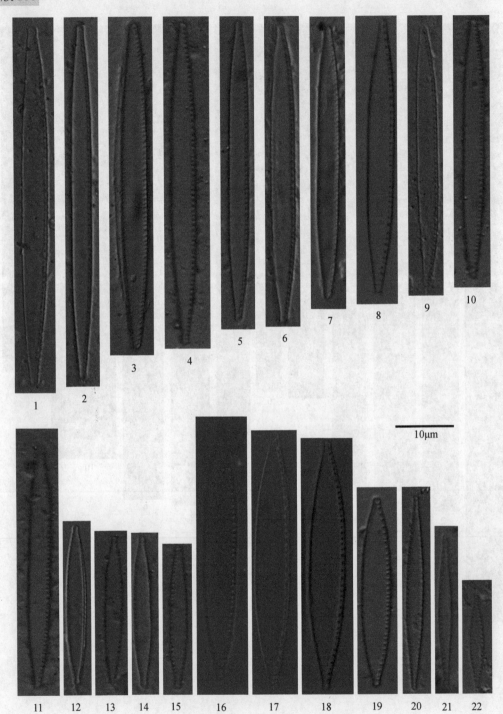

图 版

· 243 ·

图版 181

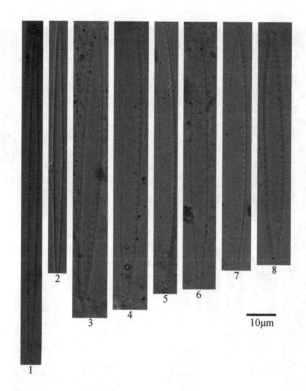

图版 182

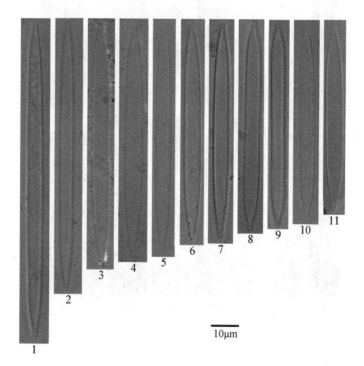

图版 183

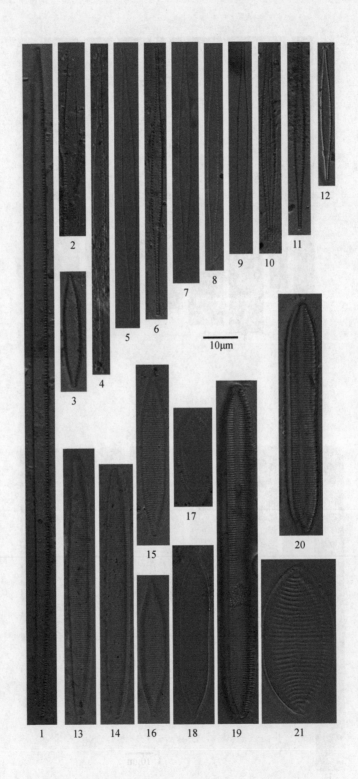

图 版

图版 184

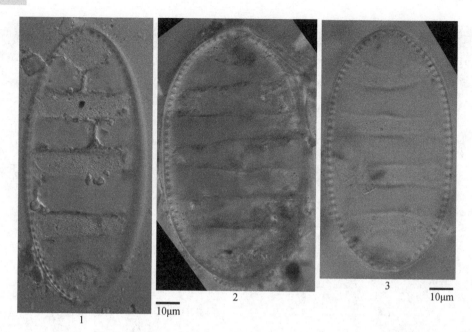

图版 185

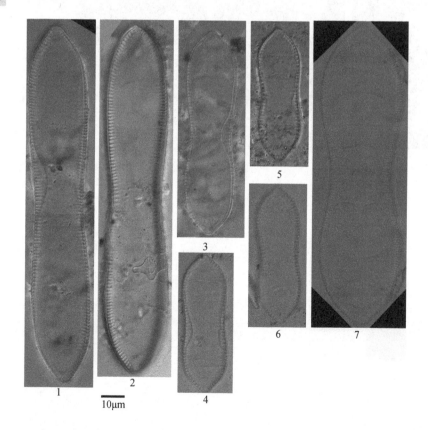

图版 186

1　2　3　4

10μm

图版 187

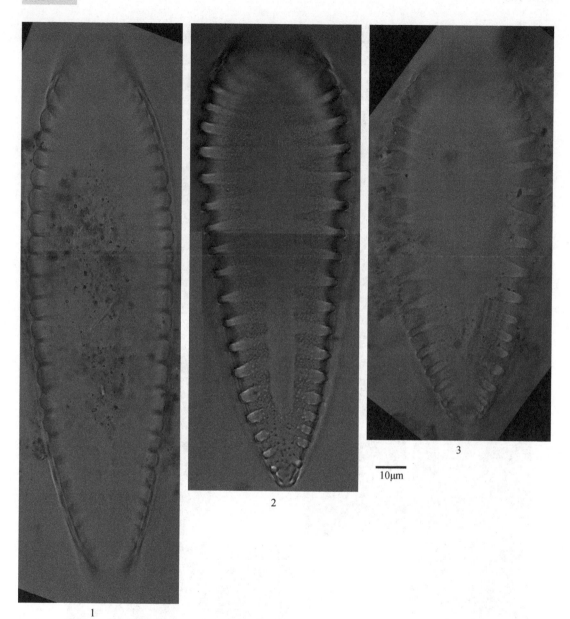

图版 188

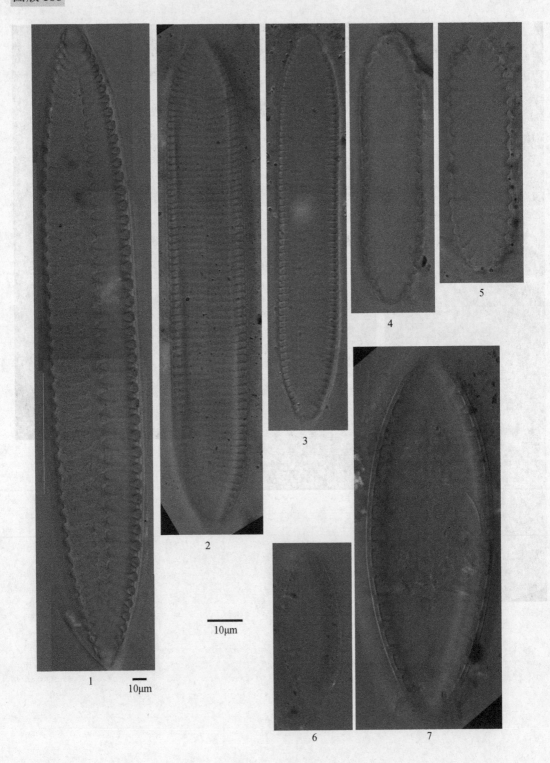

图 版

· 249 ·

图版 189

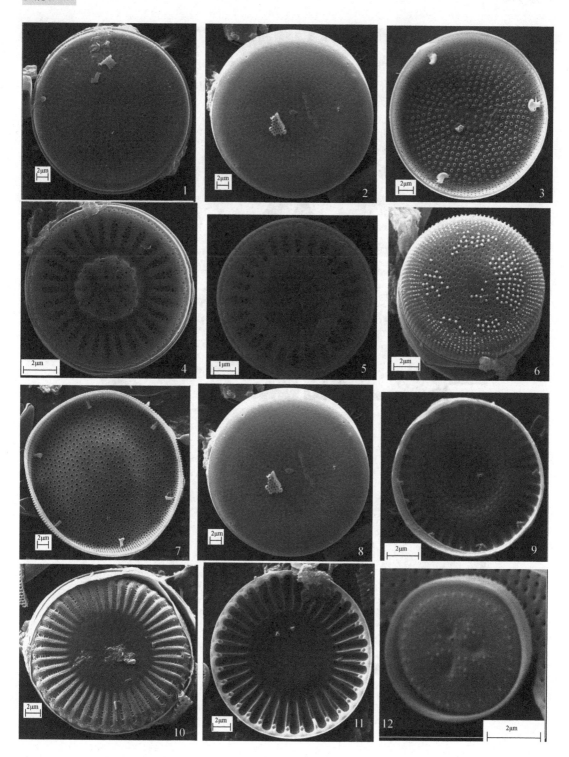

图版 190

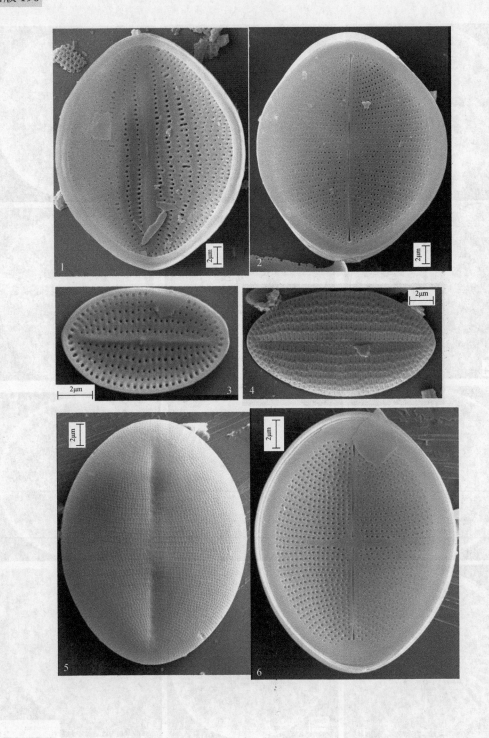

图版 191

图版 192

图版 193

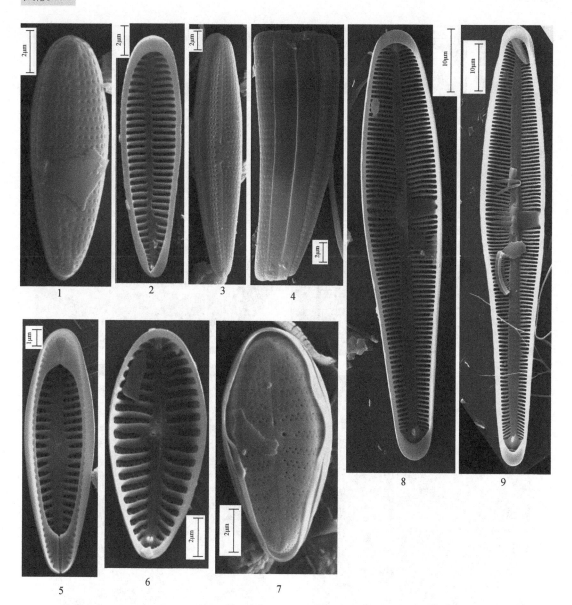

图版 194

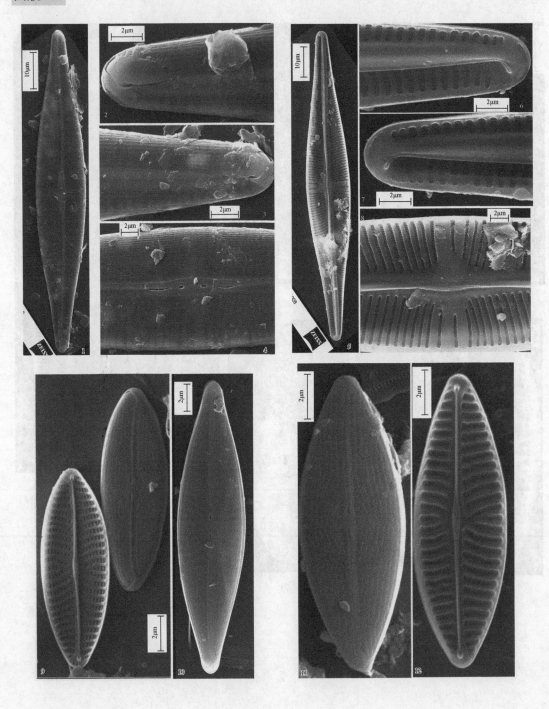